冻土断裂破坏准则及其试验研究

刘晓洲　著

科学出版社
北　京

内 容 简 介

本书主要从断裂力学理论出发，在考虑冻土自身特点的基础上，建立冻土破坏的统一模式，并通过现场原状冻土的Ⅰ型、Ⅱ型断裂韧度测试及对翼型裂纹试样研究，得到其对试样断裂韧度值影响的规律。此外，针对原状冻土的非线性断裂破坏，充分考虑冻土特有的胶结力作用，提出冻土非线性胶结力断裂破坏模型，然后对表征胶结力裂纹模型的裂纹尖端张开位移表达式及裂纹尖端扩展表达式进行推导计算，再结合有限元法，提出一种新的计算方法，从而为冻土工程应用提供更坚实的理论基础。

本书可供从事冻土力学及冻土工程方面的科学研究与工程技术人员参考，也可作为相关专业的研究生、本科生的教学参考书。

图书在版编目(CIP)数据

冻土断裂破坏准则及其试验研究/刘晓洲著. —北京：科学出版社，2015.10

ISBN 978-7-03-045755-4

Ⅰ.①冻…　Ⅱ.①刘…　Ⅲ.①冻土地基-断裂试验-试验研究
Ⅳ.①TU471.7-33

中国版本图书馆CIP数据核字(2015)第225192号

责任编辑：周　炜　张晓娟/责任校对：桂伟利
责任印制：张　倩/封面设计：陈　敬

科学出版社 出版
北京东黄城根北街16号
邮政编码：100717
http://www.sciencep.com
中国科学院印刷厂 印刷
科学出版社发行　各地新华书店经销
*
2015年10月第 一 版　开本：720×1000 1/16
2015年10月第一次印刷　印张：10 1/2
字数：338 000

定价：80.00元

(如有印装质量问题，我社负责调换)

序

我国多年冻土面积达到 2.15×10^6 km²，占国土面积的 22.3%，仅次于俄罗斯和加拿大，居世界第三位。包括季节性冻土在内的中国冻土面积约占全国面积的75%，对我国的国民经济建设有很大影响。同时已查明，我国高海拔多年冻土面积达 1.73×10^6 km²，占北半球高海拔冻土面积的 74.5%，居世界之最。中国冻土研究从无到有，取得了长足的进展，为今后的进一步发展奠定了基础，同时也为我国寒区工程建设、资源开发、环境保护以及冻害防治作出了重要贡献。近年来冻土研究更进一步关注了冻土区的环境、生态问题及冻土的改造和利用，并已经开始和全球气候变化的研究接轨。当前，正值我国西部大开发战略的实施阶段，冻土学的研究势必将发挥重要作用。

近 20 年来，我国冻土力学及冻土工程学的研究得到了飞速发展。冻土力学基本理论的研究不断深入，从瞬时到长期、从一维到三维、从静态到动态、从一般冻土到特殊冻土；研究领域不断拓宽，从宏观到微细观、从损伤到断裂破坏。冻土力学的试验方法和技术不断更新，冻土力学的工程应用范围不断扩大，形成了一支稳定的研究队伍，并取得了一系列重大的研究进展和创新性成果。冻土断裂力学研究就是在这种大环境下应运而生的，并成为冻土力学的一个新的分支。

该书针对冻土工程中经常发生的冻害破坏问题，应用断裂力学方法和理论，给出了适合冻土断裂破坏的一般性准则，并进行了相应的参数测试研究。首次开展了现场原状冻土的断裂韧度测试工作，建立了压缩断裂模型，并进行了断裂韧度测试。同时，充分考虑冻土自身存在的大量缺陷，基于非线性断裂力学理论和损伤力学原理，提出了冻土非线性胶结力断裂破坏模型，然后对表征胶结力裂纹模型的裂纹尖端张开位移表达式及裂纹尖端扩展表达式进行了推导计算，再结合有限元法提出了一种含有非线性参数的解析法与有限元法相结合的方法。该书选题准确、结构合理、层次分明、试验数据可靠，结论清楚、图表清晰，不仅对发展冻土力学有理论意义，而且有很好的工程应用背景和实用价值。

今后，需要进一步引用其他学科的新理论、新概念和现代先进的研究手段，积极探索新的研究领域和试验方法，进一步发展冻土力学理论，使之成为一门成熟的学科。

李洪升

2014 年 1 月于大连

前　言

冻土作为一种国土资源，是寒区工程的地基基础。对冻土破坏形式与破坏机理的研究始终是冻土力学需要解决的重要领域之一。目前我国寒区工程建设发展迅速，如青藏铁路、南水北调和西气东输等重大工程都要穿越多年冻土及季节性冻土地段，所以需要解决冻土本身的强度及破坏问题。本书首先从研究冻土发生断裂破坏的条件出发，建立适用于冻土自身特性的断裂破坏准则。该准则克服了现有强度破坏理论的不足，考虑了冻土胶结力的作用和冻土自身的缺陷，充分体现了冻土力学特有的问题。通过对未扰动的原状冻土采用新的试验方法，进行现场断裂韧度测试研究，而后将其结果同室内重塑冻土断裂韧度测试结果相比较，建立二者之间的关系，这为从室内断裂韧度测试结果推算出现场测试结果做了有益的尝试。同时，基于冻土体的非线性本质，基于非线性断裂力学理论和损伤力学原理，提出一种复合冻土自身特点的断裂破坏模型，并推导出裂纹尖端张开和扩展的计算表达式，最后将解析法和有限元法相结合，给出一种新的计算非线性参数的计算方法。此种计算方法克服了线弹性断裂破坏的局限性，充分考虑了冻土体的非线性特征，可进行断裂过程计算和非线性断裂参量计算，从而发展了冻土非线性断裂破坏的基本理论。

本书的出版凝聚着许多老师和同仁的心血与汗水。特别是中国科学院寒区旱区环境与工程研究所所长、冻土工程国家重点实验室主任马巍研究员和大连理工大学工业装备结构分析国家重点实验室李洪升教授及王悦东博士对本书的出版给予了大力支持。对关心、指导、支持本书出版的所有领导、专家及直接参加本项研究和为本项研究提供条件的所有同事，表示最诚挚的感谢。本书的出版获得了大连市学术专著资助出版评审委员会、大连大学建筑工程学院、国家重点基础研究发展计划(973 计划)项目(2012CB026106)及中国科学院寒区旱区环境与工程研究所冻土工程国家重点实验室开放基金(SKLFSE201309)等的资助，在此作者一并表示感谢。

鉴于本项研究工作还处在起步阶段，加之作者水平有限，书中难免存在疏漏之处，诚望读者批评指正。

2014 年 1 月

目　　录

第1章 绪 论

根据工程断裂力学中应力强度因子理论[1]，将断裂韧度引入冻土中，针对冻土这种同时包含固、液、气三相体的极其复杂的材料，断裂力学思维的引入[2]，同时运用试验手段对原状冻土、重塑冻土进行各种模型的线性和非线性测试，能够从断裂力学的角度研究冻土中断裂的发生、发展和破坏的机理，从而在丰富和发展现有冻土力学研究的基础上，扩大冻土力学的研究领域，这必将为冻土工程的设计、施工及工程冻害评价和防治提供新的方法和手段，这已成为冻土力学新的研究课题和方向。

1.1 研究背景及意义

1.1.1 研究背景

冻土是一种温度低于零摄氏度且含有冰的土岩，是由固体矿物颗粒、理想塑性的冰包裹体(胶结冰和冰夹层)、未冻水(薄膜结合水和液态水)、气态成分(水蒸气和空气)组成的典型的非均匀多相颗粒材料。由于冻土各相混合体之间的相互作用，冻土表现出的力学性能也非常复杂。冻土中胶结冰的存在，使得冻土的物理力学性质强烈依赖于温度，这一点与相应的融土不同。冻土变形过程中微结构的扫描电镜及电子计算机 X 射线断层扫描技术(computed tomography，CT)分析表明，在受载之前，冻土内部已经存在大量的空隙、洞隙和管状空隙，组构单元与矿物颗粒呈无序化分布。在外荷载作用下，土颗粒表现出明显的定向排列趋势，与外荷载作用方向垂直的原生裂缝闭合。随着荷载的增加，新的微裂纹就会萌生和扩展。如果荷载进一步增加，微裂纹将进一步发育和扩展成宏观裂纹，并最终导致冻土材料的破坏。

地球上冻土地区相当广泛，大多集中在俄罗斯、加拿大等高纬度国家，我国也是冻土资源极其丰富的国家之一，其中多年冻土占国土面积的22%左右[3]。主要分布在东北、西北、华北地区，这些地区蕴藏着丰富的森林、矿藏资源，对这些资源的充分合理开发和利用，将对人类的生存和发展起到至关重要的作用。因此，在资源日渐匮乏的今天，冻土的存在及演变已经在人类的生产活动、生存环境和可持续发展中扮演着越来越重要的角色。例如，在工业与民用建筑中，出现了建筑物的冻胀破坏，地基基础由于多年冻土层的消失产生了沉陷，输水涵渠的基础也出现冻胀或融沉破坏；在交通运输工程中，出现了冻胀造成的道路路面裂缝、破碎、积水及路基破坏，冻土退化造成的路面塌陷，以及桥梁桥墩冻拔隆起，机场跑道及停机坪的基础破坏等。特别是在我国实施的西部大开发战略中的青藏铁路和青藏公路建设中，冻土及冻土环境问题是其中的重要环节。这些影响在北方地区的水工建筑物工程中表现得尤为突出，无论哪种水工建筑物总是在水中才发挥作用，可是到了冬季特别是天气突然降温时，由于存在于水工建筑物本身的缝隙以及基础土壤、岩石等缝隙中的大量水分还没来得及蒸发就结冰，导致体积膨胀，造成建筑物冻胀或融沉破坏，此种情况若不及时防护或维修，将对其第二年发挥作用产生重大隐患，甚至给国家和人民带来无法估计的损失，如图 1.1 和图 1.2 所示。在农业生产上，冻融现象的反复出现导致这些地区土地的盐渍化，从而给农业生产造成困难；在生态环境方面，人类活动影响及气候变化导致冻土带的退化，最终影响冻土地区的分布和冻土地区生态环境平衡。这些都给人类的生产和生活带来了极大的影响，阻碍了经济发展和社会进步。

图 1.1　挡墙及渠道冻害破坏

图 1.2　桥和桩冻害破坏

目前国内外对冻土强度破坏问题的研究，已取得长足的进展，现有强度理论虽然已广泛应用于工程实际，但都还存在明显的不足和局限性。例如，剪切强度理论及蠕变理论，都没有把冻土的冻胀特性反映出来，这就把冻土力学所特有的冻胀问题给忽略了，失去了冻土力学自身的特点；其次是没有把冻土自身客观存在的多种缺陷作为主要参量加以考虑，因为冻土是多相体复合材料，因而存在着大量微裂隙、孔穴以及土颗粒与冰晶之间的薄弱点等多种缺陷,它们的存在制约着冻土的宏观性质和强度特性。现有理论存在的不足致使目前对强度破坏理论的研究还远远不能满足寒区工程建设的需要。另外,冻土力学正面临着前所未有的新挑战,大量的寒区工程的开发(如青藏铁路工程、南水北调工程等)以及气候、环境条件的全球新变化,均给冻土力学提出了一系列亟待解决的新课题。因此,发展学科新的生长点,建立与发展冻土力学的新理论势在必行。有鉴于此,国内外学者相继开展了冻土损伤理论、冻土断裂力学理论以及热力学和分形理论等新理论和新技术的研究,从新的角度研究冻土的非线性本构关系、强度理论和破坏准则,已成为当前国内外冻土力学理论研究的一大趋势。20 世纪 80 年代开始了冻土断裂力学的研究,但到目前为止,还只限于冻土脆性破坏和线弹性断裂问题,如建立了脆性破坏的断裂准则,进行了线弹性断裂韧度的测试研究等。但是冻土从本质上说是非线性的,是非均质的黏弹性(或黏塑性)体,不但具有明显的塑性,而且具有明显的蠕变性,故其变形和破坏过程都具有明显非线性,线弹性断裂研究有局限性,必须研究非线性断裂破坏问题。

也正是在此大背景下,将断裂力学引进冻土力学中来,才能促进冻土科学的创新和发展,同时,冻土科学的创新和发展又会对人类开发利用冻土地区提供理论指导,为人类的生存与发展作出贡献。

1.1.2 研究目的及意义

从上述出发点考虑问题,本书的基本目的:基于冻土体的非线性本质,充分考虑冻土特有的黏聚力的作用和冻土自身存在的大量缺陷,利用非线性断裂力学理论原理,对冻土的破坏过程从宏观、细观相结合的角度去研究,建立有关的物理模型和力学理论,建立全新的冻土非线性断裂破坏准则,提出非线性断裂参数计算的半解析有限元法,从而发展冻土非线性断裂破坏的基本理论,增强处理实际工程问题的实用性,以便对因素多、环境差、条件苛刻、要求高的冻土工程做出准确可靠的决策。克服现有强度破坏理论的不足,考虑黏聚力的作用和冻土自身的缺陷,充分体现冻土力学特有的问题;克服线弹性断裂破坏的局限性,充分考虑冻土体的非线性特征;建立非线性断裂模型和破坏准则,引进非线性断裂参量和非线性断裂韧度,提出解析法与有限元法相结合的一种算法,可进行断裂过程计算和非线性断裂参量计算。

冻土非线性断裂破坏准则的研究,实现了两个学科的交叉,发展了冻土力学新的生长点,拓宽了冻土力学的研究内容。因此,有关非线性断裂准则的建立、非线性断裂的测试方法和技术、非线性断裂参量的计算以及非线性断裂准则在工程中的应用等一系列问题,均处于学科前沿课题。面向 21 世纪的冻土力学和冻土工程科学的发展,建立先进的理论和方法,是本学科发展的必然趋势,对寒区资源开发、生态环境保护、经济可持续发展具有深远意义。

1.2　断裂力学理论及其应用现状

从20世纪二三十年代开始，断裂事故在人们的生产生活中频繁发生，给人类社会造成了巨大的损失。全焊接铁桥无任何异常现象时突然断裂倒塌、轮船因断裂造成的事故屡屡出现、飞机在飞行的过程中机翼突然脱落等等，当时人们对上述事件利用传统的材料、力学理论难以给出正确合理的解释，事后研究表明：结构产生破坏的原因是由于材料本身存在着各种缺陷和宏观裂纹，这些缺陷和宏观裂纹的存在明显降低了结构材料本身的实际强度。这种裂纹可能是冶金缺陷，也可能是在加工的过程中、使用过程中产生的，对于大多数结构来说，这种缺陷和裂纹是不可避免的[4]。后来随着现代生产的发展，许多新材料、新产品、新工艺不断出现，为了解决其在工程实际中的断裂问题，断裂力学应运而生。因此，可以说断裂力学是从生产实践中产生和发展起来的一门学科。它是在继承了传统的弹性力学、塑性力学和黏弹性力学等学科理论的同时，克服了传统力学理论中物体的连续性假设，承认物体中是含有缺陷和裂纹的，并从这一前提出发，确定含裂纹体的应力场、位移场分布，以此找出决定裂纹扩展的物理量。同时，通过试验测定出材料抵抗裂纹扩展的能力，并建立两者之间的关系。它补偿了传统理论的不足和不合理之处，成为现代工程结构安全设计方面的有力工具。

1.2.1　线弹性断裂力学理论

早在1920年，英国的物理学家Griffith在对玻璃的断裂研究中便提出来断裂力学概念。Griffith用材料内部有缺陷（裂纹）的观点解释了材料实际强度要小于理论强度的现象，同时当裂纹受力时，如果裂纹扩展所需的表面能小于弹性能的释放值，则裂纹就扩展直至断裂破坏。这一理论在对玻璃的断裂研究中得到证实，可该理论只适用于完全弹性体，即完全脆性材料，所以没得到发展。1921年，Griffith又提出了能量释放理论，即G准则。认为一旦含裂纹的脆性材料物体的能量释放率等于表面能，裂纹就会失稳扩展，导致脆断。Griffith建立的脆性材料断裂理论，为断裂力学奠定了理论基础[5,6]。1948年，Irwin等分别对Griffith理论进行了修正，指出将裂纹尖端区的塑性功计入耗散能后，就能将其应用到金属材料中。1957年，Irwin提出了应力强度因子理论和断裂韧性概念，建立了临界应力强度因子准则，即K准则，从而奠定了线弹性断裂力学的理论基础。线弹性断裂力学（linear elastic fracture mechanics, LEFM）既适用于线弹性材料的断裂分析，又适用于裂纹尖端具有小范围屈服的情况。所谓小范围屈服就是指裂纹尖端附近虽然达到塑性变形状态，但是只要塑性区尺寸远小于研究对象尺寸，而在塑性变形局部区以外的整体仍为弹性变形状态的情况。

1. 能量释放率准则

能量释放率准则可以简单表示为如下形式：

$$G \leqslant G_C \tag{1.1}$$

其中，G 代表能量释放率，其表达式为

$$G = -\frac{\partial U_e}{\partial A}\bigg|_{\Delta} \tag{1.2}$$

式中，A 为裂纹面积；U_e 为弹性应变能；下标 Δ 为恒位移条件。G 的量纲为 N/m，其物理意义为单位厚度上的裂纹扩展力，与荷载、裂纹的几何尺寸、应力状态有关。G_C 为材料对裂纹临界扩展的抗力，可由试验测定，代表着材料的性质。

当 $G<G_C$ 时材料处于稳定状态，不会发生断裂现象。而 $G=G_C$ 则表示材料处于开裂的临界状态，是裂纹开裂的临界点。

2. 应力强度因子理论

应力强度因子理论可简单表达为如下形式：

$$K \leqslant K_C \tag{1.3}$$

式中，K 为应力强度因子，表征裂纹尖端附近应力场强弱的唯一参数，$MN/m^{3/2}$ 或 $MPa \cdot m^{1/2}$。关于应力强度因子的计算，可以采用有限元法[1]或者查阅相关的应力强度因子手册[7]。K_C 称为断裂韧度，它表征材料抵抗脆性开裂的能力，是材料的本身性质，可由试验测定[8]。当 $K<K_C$ 时材料处于稳定状态，不会发生裂纹扩展现象。而 $K=K_C$ 则表示材料处于开裂的临界状态，是裂纹起裂的临界点。

1.2.2　弹塑性断裂力学理论

对于弹塑性材料，当受到外部荷载作用时，在材料的裂纹尖端附近将产生塑性变形，即所谓的大范围屈服现象，此时，线弹性断裂力学理论不再适用，为此 Wells、Rice 和 Hutchinson、Rosengren 等分别建立了 J 积分原理和弹塑性裂纹尖端 HRR 奇性场，为弹塑性断裂力学奠定了理论基础[9]。弹塑性断裂在裂纹发生起始扩展(起裂)后还要经过亚临界扩展(稳定扩展)阶段，达到一定长度后才发生失稳扩展破坏。相应的弹塑性断裂准则也分为两类，即以裂纹失稳为依据的非线性能量释放率准则、HRR 奇性场阻力曲线准则等和以裂纹起裂为依据的裂纹张开位移(crack opening displacement，COD)准则、J 积分准则等。

1.2.3　断裂力学对复杂材料的应用研究

由于断裂力学理论的日趋成熟，其应用范围已从金属材料领域拓展到其他材

料领域,如岩石、混凝土材料、冰体材料等。因上述材料本身可以看成是一种非均质的复杂材料,故在其内部都不可避免地存在一些微小的裂缝或其他缺陷,这些裂缝或缺陷会在某种应力状态下逐渐扩展成构件的断裂破坏。所以,众多学者将断裂力学理论应用于对其性能的研究之中。岩石断裂力学的研究始于20世纪60年代中期,当时主要集中于Griffith能量平衡理论、断裂应力准则及其修正方面。1967年Bieniawski应用应变能量释放率准则研究了岩石的破坏,发现该准则很好地解释了深层硬岩钻探中岩石的突然破坏机理[10]。Schnidt[11]在1976年首先按照金属材料平面应变断裂韧度测试方法进行了岩石断裂韧度的测试,从此各种研究报道屡见不鲜。此时的研究采用金属测试的思路,所用的试样大得惊人,对试验机的加载能力要求也高。1986年Ouchterlony[12]指出V形缺口的岩芯试样与其他形式试样相比具有大量的优点,由此建立了基于V形缺口三弯岩芯梁和V形缺口短棒拉伸试样的平面断裂韧度测试标准[13]。到了90年代,对I型、II型断裂和I-II型复合断裂的研究开始大规模地开展起来[14~17],而对I型断裂研究试样形式也开始有了较大的改变,人们开始大量使用V形缺口的巴西圆盘试样进行研究裂纹圆盘压裂试验(cracked chevron notched brazilian disc,CCNBD)[18],获得了大量成果并应用于实际工程中[19]。

断裂力学应用于混凝土方面的研究最早见于1961年Kaplan的论文[20],从此混凝土断裂力学研究得到了广泛的开展[21]。Hillerbog等[22]提出了混凝土I型断裂的分析方法,针对影响断裂力学在混凝土应用中的尺寸效应问题,Planas和Elices给出了足够大试样的断裂韧度K_{IC}与J积分的关系[23],Jeng和Shah[24]于1985年提出了混凝土断裂的双参数模型,为以后混凝土断裂分析广为应用。徐世烺和赵国藩[25]则采用紧凑拉伸试样进行了混凝土断裂试验,得到了与尺寸效应无关的稳定的断裂韧度值,并进行了大量的混凝土断裂韧度方面的研究[26]。

Goetze[27]在解决冰与结构相互作用问题中最早考虑断裂力学方法,直到Goldstein和Qsipento[28]、Palmer等[29]提出了实用的断裂力学冰力计算模型才引起广泛注意。目前,用断裂力学理论解决冰力问题非常活跃,已提出了各种断裂冰力模型,并且在不断完善[30~32]。其间学者们对冰的断裂韧度测试也做了大量研究[33~40],1991年Dempsey对冰的K_{IC}测试问题进行了较全面的讨论[41]。

特别是近些年,李洪升、刘晓洲等将断裂力学理论应用到冻土的力学特性研究中来,进行了广泛研究和开展了大量试验,揭示了很多有关裂纹扩展及稳定方面的问题,积累了一定的经验[42~53]。综上所述,断裂力学对复杂材料的应用研究不仅扩大了断裂力学的应用领域,而且还实现了断裂力学同多学科的多方向的相结合,从而为断裂力学迅猛发展创造了广阔空间。

1.3 冻土力学研究现状

冻土学从内容上可大致分为冻土物理学和冻土力学。冻土物理学主要研究土体在冻结过程中的各种热学过程及质的迁移问题、冻融过程造成的土体沉陷问题以及土地的盐渍化问题;而冻土力学则主要研究冻土的材料力学特性及在冻结过程中冻土与建筑基础之间的相互作用问题,以及由此造成的各种冻害问题。

苏联和北欧国家从20世纪30年代初期开始进行冻土力学性质的研究,北美是在20世纪50年代开始的。我国在这方面的研究起步较晚,到20世纪60年代初才开始进行。冻土力学的研究走过了一条漫长崎岖的发展道路。从早期直接服务于寒区工程设计的唯象学上的宏观力学性质研究,到八九十年代探索冻害原因的冻土细观机制的试验研究。受寒区工程建设的迫切需要,冻土的宏观力学性质的研究得到了迅速发展。20世纪50～80年代,研究者陆续系统地对冻土在不同负温、土性、初始含水量、荷载等级条件下的强度及变形性质进行了试验研究,并提出了相应的试验拟合数学力学模型。

直到苏联科学家崔托维奇所著《冻土力学》[54]的出版,才标志着冻土力学的正式形成。该书系统地论述了冻土力学的基本原理和冻土强度特征及变形特征,提供了解决实际问题的手段和方法,从此,冻土力学研究进入了一个新的阶段,各种针对冻土理论与方法的研究层出不穷,并在各种工程实际中进行应用[55]。三十多年来,特别是近几年以来,我国为了加快开发西部的步伐逐年加大对冻土问题的研究力度,研究水平得到了飞速提高,现已接近世界先进水平,并且在一些研究方面已经走到了世界的前列[56]。因此,完全可以说人类对冻土地区的开发与利用推动了冻土科学的产生与发展,反过来,冻土科学的产生和发展又为人类开发利用冻土地区提供了理论指导,为人类的生存与发展提供了可靠的保障。

至今人们主要集中于冻土的数值模拟、力学性质、微细观结构三个方面的研究。首先,在数值模拟方面:Harlan[57]在1973年首先提出了冻土水热耦合的概念并给出了耦合模型,在此基础上土体冻结过程的模拟及冻胀力、冻胀量的预测从此成为冻土力学研究的一个热点分支,如Sheppard等[58]、Jansson和Halldin[9]、Fukuda和Nakagawa[60]各自提出了正冻土中热质和水分相互作用的耦合模型,Guymon等[61,62]提出的模型可求解非塑性土冻融过程问题;Miller等[63～66]、Fowler和Noon[67]提出了刚性冻胀模型;Konrad等[68～71]基于分离势概念提出了冻胀模型,并作了大量的数值模拟计算;Padilla和Villeneuve[72]提出了考虑盐分影响的冻胀模型;Shen和Branko[73]提出了考虑水分场、温度场、应力场的水热力三场耦合问题,给出了简化的数学模型,并采用差分法进行了数值计算。在国内,尚松浩等[74]首先进行了土壤冻结水热耦合迁移模型;安维东等[75]进行了渠道冻结时的数值模拟；叶佰生和陈肖佰[76]进行了非饱和土冻结的数值模拟；安维东等[77]进行了土体冻结中的水热力耦合初步分析，并给出了一维冻结土的实例；李洪升等[78]进行了一维冻结土体考虑水热力耦合的三场耦合模型，并提出了冻结过程中的水热力耦合的一般数学模型，给出了有限元模式的数值模拟[79]；He 等[80,81]给出了饱和正冻土中的水、热、力三场耦合模型；李宁和陈波[82]建立了考虑冻土骨架、冰、水、气四相介质的水、热、力与变形耦合的数理方程，并开发了饱水与准饱水冻土介质温度场、水分场、变形场三场耦合的有限元分析软件。此外，在正冻土中的水分迁移和冻胀机理研究方面，国内外学者也做了大量的工作[83~88]。在冻土的力学性质方面主要是针对冻土在实验室试验研究，从 20 世纪 50 年代开始，许多研究人员陆续系统地对冻土不同土质、负温、初始含水量、加载速率下的强度与变形特征进行了试验研究，并提出了相应的试验拟合模型。吴紫汪和马巍对不同围压下的冻土三轴抗剪强度特性进行了系统试验研究，指出在一定范围内，抗剪强度随围压增大而增大，当围压超过这一范围时，随着围压的增大，抗剪强度反而减小[89]。Baker 等[90]、Fish[91]、朱元林[92,93]等、吴紫汪等[94,95]、Ma[96]对冻土的单轴和多轴抗压强度进行了大量研究，Bragg 和 Andersland[97]、Haynes[98]、李洪升等[99,100]则对冻土在不同加载速率下的冻土压缩强度进行了试验分析。Zhu 和 Carbee[101]、沈忠言等[102]、彭万巍[103]对饱水冻土拉伸强度进行了初步研究，获得了初步成果。由于冻土本身的特殊性，冻土蠕变特性表现得非常明显，尤其是在较高的负温下。国外如 Gorodetskii[104]、Sayles[105]、Vyalov[106]，国内吴紫汪等[107,108]在这方面都做了大量工作。20 世纪 70 年代初国外 Chamberlain[109]、Parameswaran 等[110,111]开始研究冻土在高围压下的力学性质。90 年代，随着人工冻结井壁在深厚表土层中的应用，崔广心[112,113]、马巍等[114~117]明确提出了深部冻土的概念，并做了大量的研究工作。同时，对冻土体给工程造成直接危害的关于冻胀量、冻胀力、融沉性质为核心的研究课题纷纷展开。徐绍新[118]对位于冻土上的建筑物将承受的切向、法向、水平方向的冻胀力的影响因素及其取值范围进行了系统研究；朱林楠等[119]对冻土退化环境下的道路工程问题提出了严格保护、部分保护和不保护的设计原则；李安国[120]对渠道等线行建筑物的设计冻深进行了研究，提出了确定设计冻深的方法；刘鸿绪[121]对建筑物不同基础的冻胀力进行了系统研究与评述；李洪升，刘增利[122]则提出了基于弹性理论的地基土冻胀位移分析及计算模式；丁靖康、娄安全[123]对冻土区挡土建筑物的设计和冻胀力计算进行了分析计算；童长江、管枫年[124]出版了关于建筑物冻胀与防治方面的专著。此外，在工程应用方面，美国、加拿大、俄罗斯等国都制定了相应的技术规范，我国也制定了冻土区工程应用的技术标准[125~127]。在冻土动力学响应研究方面，朱元林、何平等[128~130]对冻结粉土在往返荷载作用下的变形特性即不同动载频率下冻土的强度特性进行了试验研究，指出其蠕变破坏准则与静载下具有相同的形式，破坏应变与围压基本无关；徐学燕、仲丛利[131]对冻土动力参数进行了研究，同时，俞祁浩等[132]对冻土冲击强度及尺寸效应进行了试验研究。近些年，为了进一步了解冻土的破坏机理与蠕变机制，学者们纷纷对冻土的微细观结构进行了深入的研究。如吴紫汪等[133,134]对冻土蠕变过程的微结构特征进行了研究；苗天德、张长庆等[135~137]在冻土蠕变过程微结构变化电镜观测的基础上，提出了冻土蠕变的微结构损伤理论，给出了冻土蠕变的损伤演化方程，沈忠言、王家澄[138]对冻土在拉伸过程中微结构的变化特征进行了初步探讨；李洪升、刘增利等[139~143]利用CT观测法和激光散斑法对冻土的细观损伤及微裂纹的识别与发展过程进行了详细的分析，为研究冻土破坏的微观机制打下了基础。此外，在冻土冻结过程微观结构的特征变化，王家澄、张学珍[144]采用电镜覆膜技术进行了大量的研究。目前，人们对冻土特性的进一步深入研究的过程中，实现冻土力学与多学科知识的相互交叉取长补短，利用现代化的技术手段发挥各自学科的优势创立新的研究思维模式乃至于建立新兴学科将对冻土力学的发展起着决定性作用。

1.4 冻土断裂力学研究现状

应用断裂力学理论，除直接评价工程问题的稳定性和可靠性外，还可以研究冻土与结构物相互作用的机理，研究冻土微裂纹发生与发展过程及其演化的机制，借以建立新的冻土破坏准则，从而丰富和发展冻土力学理论，并为冻土工程的设计与施工及冻害防治提供新的方法和依据。

从20世纪90年代中期开始，学者们采用断裂力学方法、从断裂力学的角度对冻土在受力过程中断裂的发生和破坏机理进行了比较系统的研究，首先，在参照以往对其他材料断裂力学性能研究的基础上，通过大量的理论分析和试验研究，认为虽然冻土构成成分复杂(是典型的固、液、气多相同时存在的复合体材料)，但是由于在冻土中存在着各种缺陷及微裂纹，而这些缺陷和微裂纹可以被看做是冻土广义的初始裂纹。也正是由于这些广义的初始裂纹的存在，才使得冻土这种特殊的材料具有了可以应用断裂力学来研究的基础。这些初始裂纹在外部荷载作用下，必然发生演化和扩展，当这些微裂纹及孔穴扩展形成宏观裂纹时冻土材料就被破坏了。从这个过程来看，正是与断裂力学所研究材料的破坏形式及规律相一致，因此，采用断裂力学理论来研究冻土的破坏是完全可行的。

通过进一步研究，学者们还得出了冻土在温度、含水率、加载速率及土质的颗粒组成一定的前提下是会发生脆性破坏的，并且发生脆性破坏时，其应力-应变关系基本是线弹性的，有明显的断裂面，断裂面上裂纹扩展痕迹清晰，呈现严重的破坏状，因此，线弹性断裂力学理论是适用的。同时还得出了当冻土材料的塑性变形区很小，即满足塑性区尺寸远远小于研究对象尺寸时(小范围屈服条件)，线弹性断裂力学理论仍然适用[43]。

由于冻土同混凝土、岩石及冰在材料特性方面均有着不同程度的相似之处，李洪升等[54,145~151]借鉴了上述材料的试验方法和结果，针对兰州特有的重塑黄土进行了冻土 I 型、冻土及冻土与混凝土界面 II 型、冻土 I-II 复合型断裂韧度以及冻土 I 型断裂韧度的尺寸效应等一系列有关冻土宏观力学性质的测试与研究，得到了大量的试验数据和宝贵经验。并将该方法应用于工程算例中均得到了符合实际的满意的结果[152~155]。目前冻土断裂力学的研究尚处在以冻土的脆性断裂阶段为主。

综上所述，将断裂力学引进冻土力学中来，从发展理论和开展应用上看，目前还没有反映冻土本身特点的断裂破坏准则；在参数测试方面，都是针对室内扰动土的测试结果，还没有关于原状未扰动冻土的现场结果；特别是关于压缩受力情况下的断裂韧度的测试及对于冻土的非线性断裂破坏研究与计算还未见到过；有鉴于此，确定了本书的研究方向。

第2章　冻土断裂破坏准则研究

由于冻土构成成分的复杂性，可以将其内部的各种缺陷和微裂纹简化成材料自身的初始裂纹，故对这种特殊的材料而言便具有了应用断裂力学理论来研究的前提条件。从断裂力学的角度对冻土进行研究，扩大了其研究范围，建立冻土断裂破坏准则是对传统破坏准则的继承和发展，使其能够更好地解决工程中的实际问题。

2.1　冻土传统抗剪强度理论

作为国土资源我国季节性冻土地区面积广阔，为了能够充分合理地利用冻土资源，保证在冻土地区建造的建筑物安全可靠，冻土的抗剪强度作为一种特殊的力学指标，被广泛应用于工程实践。现在在冻土力学分析中所采用的强度破坏理论是传统的莫尔-库仑(Mohr-Coulomb)强度理论，该理论被广泛应用于冻土工程问题中。

2.1.1　莫尔-库仑强度理论

冻土体在外荷载和自重的作用下，在土体中产生剪切应力，因而冻土体的破坏同未冻土一样，先是从局部开始，继而发展贯通，最后导致土体的整体破坏。一般认为，当冻土作为工程地基时，在上部荷载作用下发生破坏，其形式主要是失稳而引起的滑动、倾覆等，这种情况下的破坏就是通常所说的冻土强度破坏问题。这种强度破坏问题的强度准则就是莫尔-库仑准则[89]。

在土力学中，库仑根据摩擦力的概念，把砂土的抗剪强度表示为

$$\tau_f=\sigma\tan\varphi \tag{2.1}$$

后来又提出了适合于黏性土的普遍形式：

$$\tau_f=c+\sigma\tan\varphi \tag{2.2}$$

式中，c 为土体的黏聚力；φ 为土体的内摩擦角，它是与温度、含水率、颗粒度等因素有着密切关系的材料本身的常数，两者均可以通过试验测得；τ_f 为材料本身的抗剪强度，它是材料自身的力学指标，反映了材料抵抗剪切破坏的能力；σ 为剪切面上的法向应力。

式(2.1)和式(2.2)统称为库仑公式，将其表示在 τ_f-σ 坐标中为两条直线，如图2.1所示。

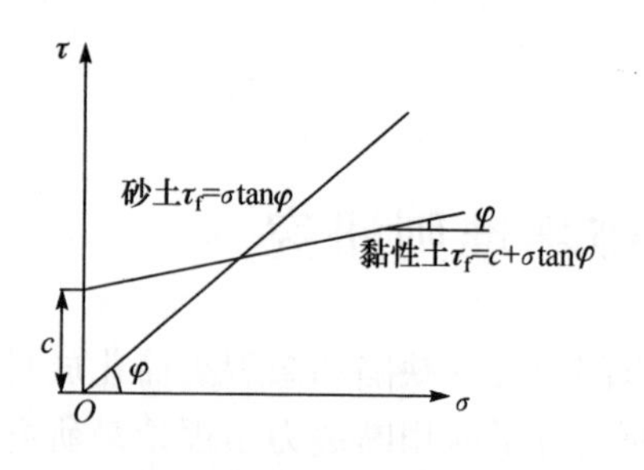

图 2.1　土的抗剪强度与法向应力的关系

对于冻土而言，大量的试验证明：在温度、荷载作用时间和固定的土质条件下，冻土的抗剪强度与法向应力之间的关系是呈非线性的。但在外压力不大时，仍可按照线性关系来计算，如图 2.2 所示。

莫尔强度理论认为，土体中某点的剪应力 τ 达到该点的抗剪强度 τ_f 时，该点便处于极限平衡状态，即为

$$\tau=\tau_f \tag{2.3}$$

但是，当土体发生剪切破坏时，破坏面并不一定发生在最大剪切面，而是发生在法向应力和剪应力最不利的组合面上。莫尔认为破坏面上的剪应力与法向应力之间应满足如图 2.2 所示的函数关系：

$$\tau_f=f(\sigma) \tag{2.4}$$

由于莫尔包线可以近似地用直线代替，则该公式便与库仑的线性公式是完全一致的了，即满足式(2.2)。这便是现有的冻土工程中主要采用的莫尔-库仑理论。

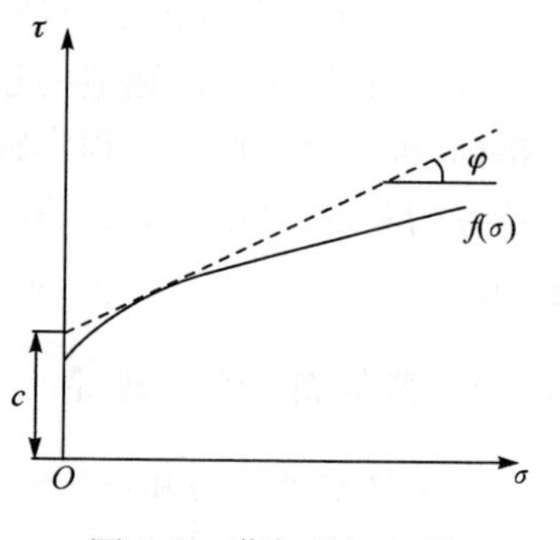

图 2.2　莫尔破坏包线

经过上述分析，可以知道，所谓的莫尔-库仑理论，实质就是剪切强度理论，其表达式为

$$\begin{cases}\tau>\tau_f, & \text{产生破坏}\\ \tau<\tau_f, & \text{不破坏}\\ \tau=\tau_f, & \text{临界状态}\end{cases} \tag{2.5}$$

应用该理论解决实际中的剪切破坏问题特别是在计算地基承载力方面，国内外的研究均已确立了比较成熟的工程设计方法，如日本、美国、丹麦、加拿大等都已有自己相应的规范，规定了对建筑物基础的具体设计要求、埋置深度等，以防止此种强度破坏的发生。我国 1998 年 12 月也颁布了冻土地区建筑地基基础设计规范，对各类型的基础设计均有详细的规定[126]。

吴紫汪和马巍[89]基于试验结果，选用二次抛物型函数作为冻土的屈服准则，提出如下修正表达式

$$q=c+bp-\frac{b}{2p_m}p^2 \tag{2.6}$$

式中，c 为八面体上的黏聚阻力；$b=\tan\varphi$，φ 为 $p=0$ 时的内摩擦角；p_m 为当冻土的剪切强度达到最大值 $q_m\left(q_m=c+\dfrac{b}{2}p_m\right)$时的平均法向应力的值。

由于冻土本身是由固、液、气三相体组成的复杂的多项复合体材料，因此，式

(2.6)中决定冻土抗剪强度的 c 和 φ 受多种因素的影响。通过试验可知,影响冻土抗剪强度的主要因素有三个,即岩性成分、土体温度和加载时间。其中,①虽然冻结的砂土和黏性土都可以利用莫尔-库仑公式来表示,可是在相同的冻结条件下,粗颗粒土的抗剪强度要比黏性土高,即其 c 和 φ 均高于黏性土的值;②在相同的土质和加载时间下,冻土的抗剪强度随着土温的降低而增大,即 c 和 φ 随温度的降低而增加;③通过试验得到证实,在冻土的抗剪强度中,冻土的黏聚力起着主要的影响作用。在荷载长期作用下,由于冻土自身的黏聚力强烈降低而造成了其抗剪强度的降低。

但是,当压应力变化范围很大时,冻土的抗剪强度与压应力的关系已不呈线性关系,则必须将剪切圆考虑成不同时段各不相同的极限应力圆的包络线。此时,试验数据可以近似地看做是某一非线性函数或分段,将包络线看成直线,否则应考虑极限切应力强度与平均法向应力的关系[89]。

2.1.2　莫尔-库仑强度理论存在的局限性

无论是传统的莫尔-库仑理论还是吴紫汪、马巍等通过冻土的剪切试验得到的修正后的适用于冻土的莫尔-库仑理论,其理论基础都是相同的。在解决冻土的实际工程问题时,虽然都能够解决冻土地基强度破坏问题,但是对于有些问题(如冻拔问题、挡墙的稳定性问题、板基础的破坏问题和建筑物地基上部基础的破坏问题等)还不能做到既满足工程实际的需要又能够很好地反映冻土自身特性,因此,它们都具有明显的使用局限性。主要表现在:①没有考虑由冻胀引起的冻胀力的作用和影响。例如,文献[126]中对桩基础规定,季节冻土地区桩基础应符合《建筑桩基技术规范》有关规定外,尚应进行冻胀稳定性和抗拔强度验算。没有把冻胀力作为设计荷载,只作为验算用荷载,这就把冻土力学特有的冻胀力问题给忽略了,失去了冻土力学的特点;②冻土不同于一般固体材料的特点,它是多相复合体材料,因而自身存在着大量的微裂隙、孔穴以及土颗粒与冰晶之间连接的薄弱点等多种内部缺陷,这些缺陷的存在严重制约着冻土的宏观性质,而现有的强度理论均未考虑冻土自身客观存在的多种缺陷;③从强度破坏的角度看,还缺乏一个统一的强度模式和强度破坏准则。正因为现有的理论存在这些问题和不足,所以其已不适应日新月异的冻土工程发展的需要[156]。

2.2　断裂力学理论对冻土材料的适用性

随着断裂力学的不断发展,其应用的领域也已扩大到了岩石、混凝土、海冰、淡水冰及冻土等复杂的材料中。由于冻土是一种特殊的非均质的复合材料,其在形成的过程中都不同程度地存在孔洞和微裂隙,将这些孔洞和微裂隙统一看成是冻土结构内部的裂纹，也正是这些裂缝或缺陷的存在满足了应用断裂力学理论研究的条件。

2.2.1　冻土材料自身的适用性

断裂力学研究问题的出发点就是承认材料中有初始缺陷(统称为初始裂纹)的存在，它研究的是裂纹的发生、发展直到破坏的全过程。因此，我们有理由说将断裂力学的理论应用到对冻土的研究中是符合冻土实际状态的，是具有应用的理论基础的，主要表现在以下几个方面。

1. 冻土本身所具有的特征

由于冻土构成成分复杂，是典型的由固、液、气多相构成的各向异性复合体材料。因此，必然会造成其内部结构的不均匀性，从而在冻土内部必然存在各种缺陷，如空穴、孔洞及薄弱的固相接触点和面。此外，冻土中存在的各种冰晶体，其内部也存在一定的微裂纹。张长庆等对冻土的裂纹形态进行分析，归纳起来有以下几种：①裂纹相互正交；②裂纹转向，这是裂纹扩展时遭遇到矿物团粒障碍所致；③裂纹弧形化，表示裂纹沿主应力方向定向扩张，伴有次级裂纹萌生和分岔；④产生平行裂纹[157]。

张长庆等还就应力水平和作用时间对冻土微观结构的影响进行了研究，分别是冻土在高应力短历时和低应力长历时作用下的冻土微观结构。从中可知，当冻土在低温高应力状态短历时的情况下，裂纹断面存在且比较平直，发生线弹性的脆性破坏。

马巍和吴紫汪[158]进行了围压作用下冻结砂土的微结构观测分析。给出了不同围压作用下的微结构特征，在围压作用下土颗粒产生位错，围压增大，颗粒破坏程度明显增加，由于空隙中胶结冰受挤压，导致矿物颗粒周围出现絮状褶皱，甚至在低应变速率下产生明显的微裂隙。

通过对冻土微结构变化特征的试验观测，可以得出：土体在冻结过程中受各种因素的影响，使得冻土中出现不同的成冰过程，并形成冰层。由于冰的断裂强度远比矿物颗粒低，因此，冻土的微裂纹主要发生于冰与矿物颗粒两者的接触点(面)处和冰晶体内。

将各种缺陷统看成冻土的“初始裂纹”，这些“初始裂纹”在外部荷载作用下必然会发生演化、连通和扩展，形成裂纹并最终导致冻土的破坏[139~142]。因此，采用断裂力学理论来研究冻土的破坏就是承认冻土中“初始裂纹”存在，从这点出发来研究冻土的破坏理论是符合冻土的实际状态的。

2. 冻土破坏的形式与特征

已有的试验研究表明,冻土的破坏可以分为脆性破坏和塑性破坏两种。脆性破坏的特征是应力-应变关系基本呈线弹性的,破坏时有明显的断裂面,且断裂面上裂纹扩展痕迹明显,呈现严重的破坏状。对于这种情况,线弹性断裂力学理论是适用的[146,159]。就冻土本身而言,粗颗粒土大多发生脆性破坏,细颗粒土大都产生塑性破坏,密度低、孔隙率高则容易产生脆性破坏;就环境条件而言,主要受温度、含水量、应变速率以及冰晶大小、结构和方向等因素的影响,其破坏可能是脆性的,也可能是塑性的。此外,冻土在长期强度极限之内发生可逆变形,应力与应变近似为线性关系,而当荷载超过其强度极限时发生非可逆变形,在应力较小情况下,应力与应变仍呈线性关系;但当应力较大时,变形随应力增大而增加,呈现非线性关系,但即使如此,卸载后仍能见到回弹现象,说明冻土具有明显的弹性属性[89]。因此,冻土发生的究竟属于哪种破坏形式,主要是受到土质、含水量、环境温度以及外部荷载加载速率的影响[146]。

为了进一步研究冻土的断裂破坏随不同土质、温度和应变速率的改变而变化的特性,同时也为了确定在辽宁地区具有代表性冻土的断裂破坏特性,本书针对辽宁省沈阳和大连两地土质分别进行了冻土的断裂试验,如图 2.3 和图 2.4 所示。从图中明显可见,当荷载达到最大值时,P-V 曲线基本是线性的,这完全符合脆性破坏特征,因此,线弹性断裂力学是适用的。

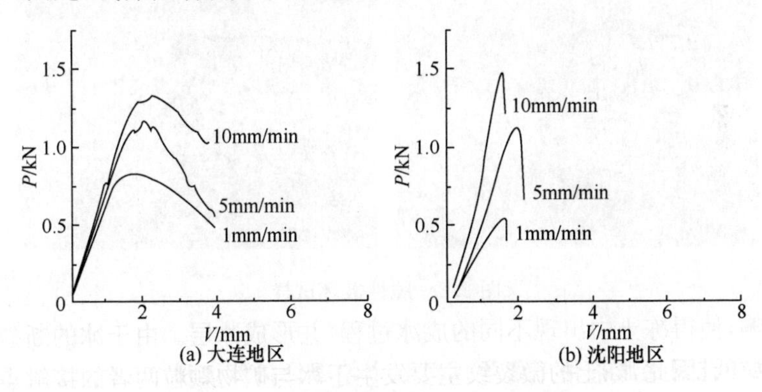

图 2.3　不同加载速率下的 P-V 曲线

通过对上述试验结果的讨论分析可知,虽然沈阳和大连两地区的土质略有差异,但是其变化规律同利用兰州黄土所得规律是一致的,仍然随着应变速率的增加、温度降低而表现出明显的脆性破坏特性,即试样变形很小,断口平直,达到最大荷载即迅速破坏,如图 2.5 所示。

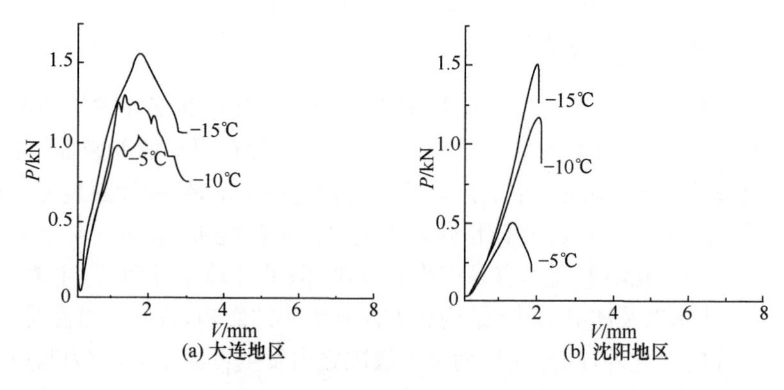

图 2.4　不同温度下的 P-V 曲线

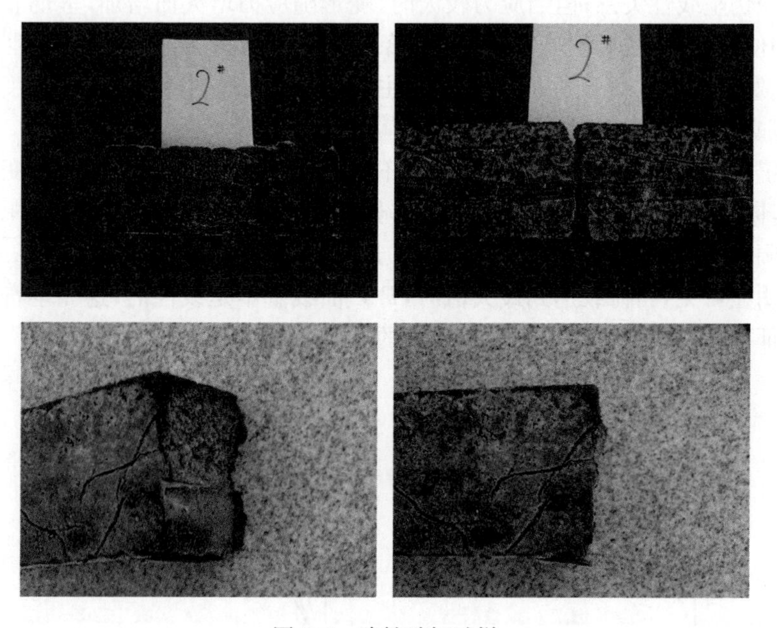

图 2.5　脆性破坏试样

3. 在小范围屈服条件下线弹性断裂力学理论仍然适用

对于冻土的塑性破坏，又可以分为两种情况，即小范围屈服和大范围屈服。在小范围屈服时，冻土首先在局部由于缺陷产生应力集中而达到了塑性变形状态产生塑性变形区，而在该塑性变形区以外的广大区域仍然处于弹性范围，并且发生塑性变形的区域尺寸要远远小于被研究对象的尺寸（如桩基、挡土墙等），在这种情况下，线弹性断裂力学理论仍然是适用的。对于大范围屈服即产生了塑性流动破坏，应采用弹塑性断裂力学理论或流动破坏理论，这不是本书讨论的范畴。

因此,根据上述分析能够定性地说明应用断裂力学理论对冻土材料进行研究的适用性,且当冻土材料发生脆性破坏时线弹性断裂力学理论是完全适用的。

2.2.2 满足小范围屈服的条件

通过大量的试验研究和理论分析可知,当冻土发生小范围屈服时,冻土极小的局部由于初始缺陷产生应力集中而形成塑性变形,而在此小局部以外仍为弹性变形状态,因此,线弹性断裂力学理论仍然是适用的。下面就满足小范围屈服条件的试样尺寸及裂纹尖端附近的塑性变形区的尺寸大小进行讨论。

要满足小范围屈服条件,试样尺寸必须满足下列两个条件。

1. 线弹性条件

线弹性条件要求裂纹尖端由应力集中而造成的塑性区尺寸 R_P 较裂纹长度 a、韧带宽度($H-a$)和试样厚度 B 来说均很小,从而可以把裂纹试样看成是一个弹性体。也就是说,在裂纹尖端处存在一个 K 主导区,主导区的尺寸 R_K 由该区的应力场决定,不同的试样和不同荷载情况下的 R_K 有所不同,如图 2.6 所示。而且满足线弹性条件,则要求

$$B,\ (H-a),\ a \gg R_P \tag{2.7}$$

2. 平面应变条件

按平面应变断裂韧度定义的要求,材料应是均匀的、各向同性,属于线弹性材料。严格说来,很多材料不满足这个要求,冻土亦如此。但是,只要满足小范围屈服条件,线弹性断裂力学理论仍然有效。采用符合冻土破坏规律的莫尔-库仑准则对冻土材料塑性区尺寸(微裂纹损伤区)进行理论计算,结果表明冻土材料的塑性区尺寸比金属材料还要小一个数量级,即要求冻土试样厚度 B 应大于塑性区尺寸约为两个数量级,则有

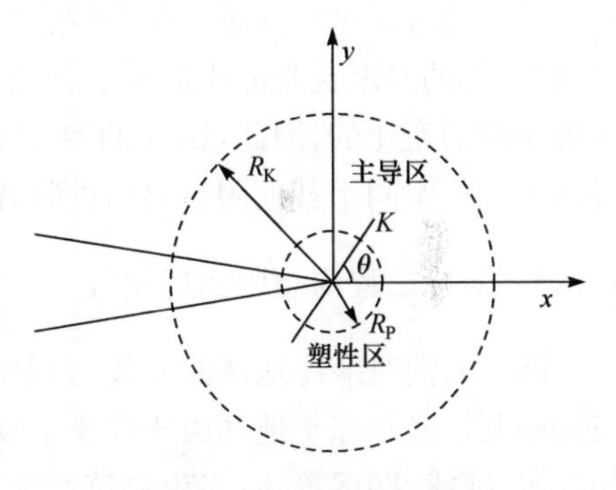

图 2.6　K 主导区示意图

$$\frac{B}{R_P} \geqslant 10^2 \tag{2.8}$$

进而根据莫尔-库仑准则推导出塑性区尺寸为

$$R_P = \frac{(1-2\nu)^2}{8\pi}\left(\frac{K_{IC}}{\tau_f}\right)^2 \tag{2.9}$$

将式(2.9)代入式(2.8)中,得

$$B \geqslant \frac{10^2 (1-2\nu)^2}{8\pi} \left(\frac{K_{IC}}{\tau_f} \right)^2 \tag{2.10}$$

式中，B 为试样的厚度，m；ν 为冻土材料的泊松比；K_{IC}为冻土材料的断裂韧度，$MPa \cdot m^{1/2}$；τ_f 为冻土材料的抗剪强度，MPa。其中，冻土的泊松比 ν 是随着温度的变化而取不同值的，当温度比较低时，ν 值接近固体材料的数值，一般情况下可取 $\nu=0.25\sim0.3$。若取 $\nu=0.28$，则有

$$B \geqslant 0.8 \left(\frac{K_{IC}}{\tau_f} \right)^2 \tag{2.11}$$

习惯上根据抗拉强度与断裂韧度比值来确定试样厚度的，因此，可以将式(2.11)的抗剪强度改为抗拉强度。试验表明，抗拉强度与抗剪强度比与温度有关，即当温度低于－10℃时，抗拉强度 σ_t 与抗剪强度之比为 $\sigma_t/\tau_f=1.5$，当温度高于－10℃时，$\sigma_t/\tau_f=2.0$。因此，仍取 $\nu=0.28$ 时，将式(2.11)中的 τ_f 用 σ_t 表示，则有

$$B \geqslant (1.8 \text{ 或 } 3.0) \left(\frac{K_{IC}}{\sigma_t} \right)^2 \tag{2.12}$$

式中，B 为试样的厚度 m；K_{IC}为平面应变断裂韧度，$MPa \cdot m^{1/2}$；σ_t 为冻土材料的抗拉强度，MPa。具体应用时，当温度低于－10℃时用系数 1.8；当温度高于－10℃时用系数 3.0。

从上述分析可以知道，满足小范围屈服条件对试样的要求是厚度 B 要足够大，而试样的厚度又与冻土的断裂韧度 K_{IC}和强度 σ_t 有关，而 K_{IC}和 σ_t 又都是随着环境条件而变化的，因此，试样的厚度 B 也是随试验条件的不同而变化的。这就是冻土材料不同于其他固体材料的特殊性[2]。

2.2.3　实际工程问题中的适用性

随着人们对寒冷地区的开发与利用，也同时出现了许多寒区所特有的技术与应用问题。多年冻土地区由于冻土的反复冻融作用，产生了许多特殊的破坏现象，如冻胀、冻拔、融沉等，对工程建筑产生了极大的破坏和影响。青藏公路、铁路的路基破坏问题有 85％是由冻土融沉造成的，15％为冻土冻胀和翻浆所致。桥梁和涵洞的破坏是由冻土冻胀引起的。在高温冻土区的路堤上，由于阴、阳坡下的融沉不同，因而在阳坡的公路一侧产生纵向裂纹。近年刚刚建成的首条穿越季冻区的哈大高铁，伴随的路基冻害工程问题也屡有发生。此外，如我国已建成的青藏公路和青藏铁路工程中，都碰到了各种基础开挖、土体爆破等施工问题，以及各种由于土体冻胀造成的冻害问题。随着现代施工技术的发展，人工冻结技术已大量应用于矿井开挖、隧道掘进以及地铁工程等的施工中，在这些工程中必然要进行冻土强度与稳定设计。此外，随着矿井深度的增加和地下工程复杂程度的不断加大，对冻土的认知要求越来越高。由于这些地区环境温度非常低，有时能达到－30℃以下，因

此，大多情况下这些冻土破坏均属脆性或准脆性破坏，可以应用线弹性断裂力学理论来解决。将断裂力学的理论引入冻土力学研究中来，实现两个学科的交叉，从断裂力学理论角度去认识冻土，研究冻土断裂的发生、发展和破坏的机理，建立全新的冻土破坏准则，对各种冻害破坏的评价与分析提出新观点，对冻土力学的研究和发展具有重要的意义。

在应用断裂力学来研究上述问题时，可以将之简化为相应的各种断裂力学模型。例如，整体长度较大的挡土墙，在墙后水平力的作用下将向非添土侧弯曲，使挡墙外表面受拉，产生横向开裂裂纹。这个问题可简化为张开型（I 型）断裂力学问题，假如挡墙在墙后黏土水平冻胀力和墙前冻土（或冰）压力作用下，产生水平裂纹，则可将之简化为滑开型（II 型）断裂力学问题。类似的简化还有人工冻结矿井开挖和隧道开挖等问题。再如桩基冻拔问题则是需要考虑在土体冻结后发生周围土体的断裂破坏导致桩基的整体上拔亦或是桩体本身破坏的问题。

由上述分析可知，在实际冻土工程中有相当数量的破坏问题具有明显的线弹性断裂力学破坏特征，因此，采用线弹性断裂力学理论研究冻土力学问题具有坚实的理论基础和极高的实际应用价值，本章即是在这种工程问题大背景下，针对具有线弹性破坏性质的冻土进行的断裂力学研究，克服传统强度理论的不足之处，建立更为适合于冻土材料及与其相关建筑物的新型破坏准则，将其应用在沈阳地区的水工建筑物的抗冰冻破坏分析中，以使更好地解决工程问题。

2.3　冻土断裂破坏准则

冻土断裂力学准则就是用断裂力学理论研究冻土破坏的规律。现有的冻土剪切强度破坏准则是以剪切强度为力学指标，而冻土断裂力学准则是以断裂韧度作为力学指标，并研究它与应力强度因子之间的关系。

对于冻土材料而言，它的特殊性在于冻胀力 σ_f 的存在。由冻胀力作用而引起寒区工程的冻害破坏问题屡见不鲜。将大量寒区工程的冻害破坏从强度破坏的角度分析，可以划分为两种情况。

第一种情况是冻土作为工程地基材料，在上部荷载作用下发生破坏，其形式主要是失稳而引起的滑动、倾覆等，这种情况下的破坏就是通常所说的冻土强度破坏问题。此时，在上部荷载（包括基础自重）的作用下，冻土内部应力集中点首先出现塑性变形并形成塑性区。在冻土材料没有发生塑性变形之前，仍然处于弹性状态，力和变形曲线呈线性关系，应用断裂力学方法，可以确定此时地基承载力——临塑荷载；在局部出现塑性区的情况，只要塑性区足够小，即塑性区的尺寸远小于基础底板尺寸，满足小范围屈服条件，仍可进行抗冻胀破坏评定和承载能力设计。

例如，在确定冻土地基承载力方面，应用传统的强度理论可以如下确定：首先，根据基础埋深及埋深范围内冻土的容重 γ 及承受外荷载 P 来确定地基中任意一点的最大主应力，从而可以确定危险点的剪应力 $\tau_{\max}$；其次，依据土质条件，给出冻土体内摩擦角 φ 和黏聚力 c，从而确定抗剪强度 τ_{f}；最后，用强度条件 $\tau_{\max}=\tau_{\mathrm{f}}$ 来确定地基承载力，其表达式为

$$P_{\mathrm{cr}}=\frac{\pi(rh+c\cot\varphi)}{\cot\varphi+\varphi-\dfrac{\pi}{2}}+rh \tag{2.13}$$

应用断裂力学理论确定地基承载力的方法为：首先，简化断裂力学模型。对于地基可简化为在剪应力作用下具有边界裂纹的断裂力学模型[3]，该模型属于 II 型剪切破坏问题；其次，计算应力强度因子 K_{II}，K_{II} 可表示为裂纹尺寸 a、外荷载 P 和冻胀力 σ_τ 的函数，即有 $K_{\mathrm{II}}=f(\sigma_\tau,a,p)$；最后，应用断裂判据 $K_{\mathrm{II}}=K_{\mathrm{IIC}}$ 来求得地基承载力的表达式为

$$P_{\mathrm{cr}}=\frac{\sqrt{\pi}K_{\mathrm{IIC}}}{1.3\sqrt{a}}-\pi\sigma_\tau \tag{2.14}$$

式中，K_{IIC} 为冻土 Ⅱ 型破坏的断裂韧度；σ_τ 为切向冻胀力；a 为冻土中的微裂纹尺寸。

比较式(2.13)和式(2.14)可以看出，传统方法的破坏准则是以抗剪强度和剪应力的关系作为判据的，而断裂破坏准则则是以应力强度因子和断裂韧度之间的关系来作为评判发生断裂破坏的依据的。影响冻土应力强度因子的因素主要是冻胀力、缺陷情况、温度、含水率及土质类型等，所以，该断裂破坏准则既考虑了冻土中存在的缺陷又考虑了冻土中冻胀力的作用。将缺陷简化为初始裂纹，这是符合冻土的实际情况的；由于冻胀力的作用所产生的冻害破坏是冻土特有的力学问题，而传统的强度理论恰恰是没有考虑冻土中这一最主要的因素。

第二种情况是冻土作为建筑物基础的低温环境，在与基础相互作用时产生冻胀力和冻胀位移，对建筑物基础造成的各种冻害破坏。例如，桩基的冻拔破坏问题、挡土墙在水平冻胀力作用下产生裂纹或倾倒、渠道衬砌在法向冻胀力的作用下产生大面积裂纹和断裂破坏等，这些都属于冻土地区极为常见的冻害破坏问题[124]。

例如，桩基础冻害破坏问题可能是桩整体冻拔或桩在最大冻深处被拔断，传统方法中规定必须进行稳定性和强度验算[126]。对其进行稳定性分析的条件是

$$P+G+\sum f_{\mathrm{p}}\gg\pi DH_{\mathrm{f}}\sigma_\tau \tag{2.15}$$

式中，P 为外荷载荷载；G 为桩的自重；f_{p} 为摩阻力；D 为桩基的直径；H_{f} 为冻深；σ_τ 为切向冻胀力。

采用断裂力学方法分析桩基抗冻拔稳定性时，可以将其简化为Ⅰ-Ⅱ复合型断

裂模型，其 I 型和 II 型应力强度因子 K_{I} 和 K_{II}分别为

$$K_{\mathrm{I}}=\frac{mD^2}{H_{\mathrm{f}}^2}\sigma_n\sqrt{a}\left(1.99-2.44\frac{a}{H_{\mathrm{f}}}\right) \tag{2.16}$$

$$K_{\mathrm{II}}=1.1215\sigma_\tau\sqrt{\pi a} \tag{2.17}$$

由此可以给出桩基抗冻拔的条件，第(1)种情况：

$$K_{\mathrm{I}}+K_{\mathrm{II}}>K_{\mathrm{IC}} \tag{2.18a}$$

第(2)种情况：

$$K_{\mathrm{I}}+K_{\mathrm{II}}<K_{\mathrm{IC}} \tag{2.18b}$$

$$P+G+\sum f_{\mathrm{p}}<\pi DH_{\mathrm{f}}\sigma_\tau \tag{2.19}$$

式中，K_{IC}为冻土的断裂韧度；σ_n 为法向冻胀力；a 为冻土中的微裂纹尺寸。

比较两种方法的抗冻拔条件，可以看出：

对第(1)种情况，通过断裂力学方法的分析，冻土必然在靠近桩基侧面附近产生断裂破坏，这时切向冻胀力就作用不到桩基上，因此也不会产生冻拔。在这种情况下，传统的方法已经失去实际意义，也就是说，断裂力学方法不仅物理意义明确，而且完全可以代替传统方法。

对第(2)种情况，断裂力学方法的物理意义仍然是清楚的，但作最后的判断还需补充条件，这个条件即是传统的冻拔稳定性条件。两个条件一起用，既有清楚的物理意义，又能作出最后的判断。因此，对第(2)种情况，断裂力学方法是最后判断的前提条件，传统方法才能成为充分条件。换而言之，在断裂力学条件成立的前提下，传统方法才具有实际的物理意义。

上面讨论了桩基抗冻拔的稳定性分析，在桩基抗冻拔的强度分析方面，虽然现有方法不能给出具体的分析方法，但是，应用断裂力学理论采用上述类似的方法，还是可以进行抗冻拔的强度分析的。

另外，在制定抗冻胀破坏措施方面，地基土换填也是一项重要的措施，在实际工程中已经被广泛采用。迄今为止，针对该措施还没有定量分析的方法，换填土质的选择及换填土层厚度的确定，大多还按照经验方法进行。从断裂力学的观点看，换填是"选材"问题，由材料的三个参数确定：冻土材料的断裂韧度、冻胀力 σ_{f} 和冻土中裂纹尺寸 a。冻土土质不同，这三个参数也不同。只有选定土质中这三个参数后所得到的综合结果达到设计要求时才是合理的。从这一点来看，断裂力学方法可以对地基土换填措施进行定量计算和优化选择。

综上所述，对大量的工程冻害破坏问题及地基土换填问题而言，均可应用断裂力学理论和方法来解决。针对冻土自身的特点和冻土破坏的特征，可以将断裂力学理论中的断裂破坏准则引入冻土研究中来，克服传统强度准则的不足和局限性，从强度破坏的角度来分析、解决各种工程冻害破坏问题。由此，可以给出一个既适合冻土断裂破坏分析又能涵盖各种冻害破坏形式的一般断裂破坏准则，即冻土断

裂破坏准则。其一般表达式为

$$\begin{cases} K_{fi} < K_{fci}, & \text{不破坏} \\ K_{fi} > K_{fci}, & \text{破坏} \\ K_{fi} = K_{fci}, & \text{临界状态} \end{cases} \tag{2.20}$$

式中，K_{fi}为冻土（包括界面、基础、上部或地下结构物）的应力强度因子，MPa · $m^{1/2}$，它是冻胀力 σ_f、冻土初裂纹 a_f、冻土含水量 w、温度 θ、加载速率 $\dot{p}$ 及荷载荷载作用时间 t 的函数，可用理论分析和数值计算求得；K_{fci}为冻土（包括界面、基础、上部或地下结构物）的断裂韧度，MPa · $m^{1/2}$。通过特定的裂纹构形试样由试验测定，它是含水量 w、温度 θ、加载速率 $\dot{p}$ 以及荷载荷载作用时间 t 和土质 d 等环境条件的状态函数，可通过试验测试确定[147,150]；i＝I、II、I-II，分别表示冻土弯曲断裂模型的 I 型（张拉型）破坏、II 型（剪切型）破坏和压缩断裂模型的 I 型（张拉型）破坏、I-II 复合型（拉、剪复合型）破坏[156]。

冻土断裂破坏准则不同于现有抗剪强度破坏准则，其基本内涵有如下的三层意思：

(1) 引进了断裂力学理论和方法，建立了适合冻土脆性破坏的断裂准则，这个准则既不同于莫尔-库仑理论，也不同于传统的安全系数方法，它把冻胀力、冻土中的微裂纹和断裂韧度等参数联系起来，反映了冻土的本质与特征，是具有更一般意义的断裂破坏准则。

(2) 在这个准则中，引进了冻土脆性破坏的断裂韧度参量，它不同于传统的冻土强度指标（如抗拉强度、抗压强度、剪切强度等），它是反映冻土抵抗断裂破坏的韧度指标。

(3) 在这个准则中，强度破坏的对象是多种的，既包括冻土本身，也包括由冻土（冻胀力）引起的基础、界面、上部或地下结构物的冻害破坏。

这个断裂破坏准则虽然在形式上与一般断裂力学 K 准则是相似的，但却与其有着本质的差别：

(1) 在冻土断裂破坏准则中，引起断裂破坏的除外荷载外，更主要的是冻土所特有的冻胀力，这个力是土体在冻结过程中产生的。而且它与水分、温度之间具有耦合作用，因此，在计算方法上比一般断裂应力的计算要复杂得多。

(2) 因冻土应力强度因子 K_f 和断裂韧度 K_{fc} 均是状态函数，也就是说它们都与温度、水分及加载速率等密切相关，因此，必须使二者在相同的环境条件下，破坏准则才是成立的，在这种情况下 K_f 的计算和 K_{fc} 的测试方法也与一般断裂力学方法是不同的。

冻土断裂破坏准则的适用条件：

(1) 冻土断裂破坏准则适用于冻土的脆性破坏。冻土的脆性破坏特征是冻土的应力-应变关系基本上是线性的，应力增长较快，当应力达到最大值时冻土便产生破坏且快速断裂；在断裂面上矿物颗粒粗糙，微裂纹丛生，裂纹扩展痕迹明显，呈严重破碎状。产生脆性破坏的条件为：当土温较低时（一般情况为土温低于−5℃），便产生脆性破坏。如淮南钙质土在含水量大于15％、温度低于−5℃时发生脆性破坏。又如冻结粉土，在含水量为25％、加载速率为200N/s、温度低于−3℃时发生脆性破坏；当冻土在瞬时荷载荷载作用或较高的加载速率作用下，应变速率大于$8.3\times10^{-3}s^{-1}$、加载速率大于200N/s时，发生脆性破坏。例如，冻结黄土在$\dot{\varepsilon}=8.0\times10^{-3}s^{-1}$时发生韧脆转变，当应变速率大于此速率后便发生脆性破坏；含水量对破坏性质影响比较复杂，它与温度、加载速率的相关性也较大。如冻结粉土，当加载速率大于200N/s、温度低于−10℃，含水量低于25％时，便产生脆性破坏。

（2）冻土体内局部塑性变形条件下（或称为小范围屈服条件），冻土断裂破坏准则仍然适用。局部塑性变形指的是塑性变形尺寸远远小于研究对象的尺寸，具体要求如式（2.9）和式（2.12）所示。

2.4　冻土断裂破坏准则研究的问题

在冻土地区，建筑物及其基础是在冻胀力最大时发生破坏的。而最大冻胀力只有在持续保持较低温度的情况下才会产生，所以，此时冻土断裂破坏准则是适用的[50,149]。

综合各种冻害破坏情况，可以把应用冻土断裂破坏准则解决的实际问题分为：弯曲断裂的I型（张拉型）破坏、II型（剪切型）破坏、I-II复合型破坏和压缩断裂破坏的I型、I-II复合型破坏来讨论。其受力形式如图2.7所示。

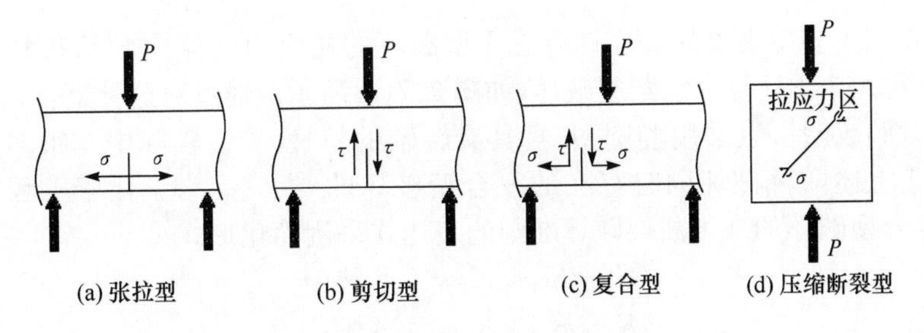

图2.7　破坏型式应力图

2.4.1　张拉强度破坏问题

所谓的张拉型破坏就是在冻土初始裂纹表面只有拉应力存在，当裂纹尖端的应力强度因子K_I超过冻土本身的断裂韧度K_{IC}后所发生的破坏[151,155]，如图2.7(a)所示。

对于这类型的破坏应用断裂破坏准则有

$$\begin{cases} K_{\mathrm{I}} < K_{\mathrm{IC}}, & \text{不破坏} \\ K_{\mathrm{I}} > K_{\mathrm{IC}}, & \text{破坏} \\ K_{\mathrm{I}} = K_{\mathrm{IC}}, & \text{临界状态} \end{cases} \tag{2.21}$$

式中，K_{I} 代表了发生 I 型破坏的应力强度因子，可采用理论分析、试验标定以及有限元 FEM 计算等方法得到；K_{IC}是 I 型断裂韧度，它代表了冻土材料在一定条件下的裂纹尖端抵抗张拉破坏的能力，已经证实可以通过试验得到[159]。

2.4.2 剪切强度破坏问题

对于实际工程，冻土受切向冻胀力的情况更为普遍，在切向冻胀力的作用下冻土的破坏属于 II 型裂纹断裂破坏（包括冻土自身的破坏和冻土与界面之间的破坏），即当冻土初始裂纹表面只有剪应力存在，同样，当裂纹尖端的应力强度因子K_{II}大于冻土本身的断裂韧度 K_{IIC}时，就会发生 II 型剪切破坏，如图 2.7(b)所示。在实际工程中也有相当数量的这类破坏问题。如桩基础的冻拔稳定性评价与分析问题、挡墙基础强度及稳定性评价问题等[152~154]。

对于这类型的破坏应用断裂破坏准则有

$$\begin{cases} K_{\mathrm{II}} < K_{\mathrm{IIC}}, & \text{不破坏} \\ K_{\mathrm{II}} > K_{\mathrm{IIC}}, & \text{破坏} \\ K_{\mathrm{II}} = K_{\mathrm{IIC}}, & \text{临界状态} \end{cases} \tag{2.22}$$

式中，K_{II}代表了发生 II 型破坏的应力强度因子，同样可以采用理论分析及数值计算等方法得到；K_{IIC}是 II 型断裂韧度，它代表了冻土材料在一定条件下的裂纹尖端抵抗剪切破坏的能力，可由试验得到[14,23]。

2.4.3 拉、剪复合型强度破坏问题

当在冻土初始裂纹的表面即存在 I 型破坏的拉应力又存在 II 型破坏时剪应力，因此称之为 I-II 复合型断裂破坏，如图 2.7(c)所示。通过对这种复合型断裂破坏准则试验表明可以采用椭圆型，且具有转轴的特性[148]。实际中有很多工程问题是属于上述两种破坏同时存在的复合型破坏的[154,155]。为了便于工程中的应用，对复合型破坏的冻土断裂破坏准则的表达式采用简化形式

$$\begin{cases} K_{\mathrm{I}} + K_{\mathrm{II}} < K_{\mathrm{IC}}, & \text{不破坏} \\ K_{\mathrm{I}} + K_{\mathrm{II}} > K_{\mathrm{IC}}, & \text{破坏} \\ K_{\mathrm{I}} + K_{\mathrm{II}} = K_{\mathrm{IC}}, & \text{临界状态} \end{cases} \tag{2.23}$$

式中，K_{I}、K_{II}表示同时发生 I 型和 II 型破坏的应力强度因子；K_{IC}是 I 型的断裂韧度，可由试验得到。

2.4.4 压缩断裂强度破坏问题

冻土的抗压强度对于评价其在荷载作用下抵抗破坏的能力，以及对其上面建

筑物地基的设计压力及计算人工冻结法开挖的竖井和基坑的冻土墙的强度等具有重要的意义。但是就冻土而言，以往都是利用不含有预制裂纹的试样通过试验的手段来测定某一条件下冻土的抗压强度的，可是由于冻土自身材料的复杂性就一定会在其内部存在着缺陷(初始裂纹)，因此，采用由 Sanderson 首先提出来，并已经在岩石、混凝土等复杂材料中用过的翼型斜裂纹试样进行研究，这样才更符合实际，更有意义，如图 2.7(d)所示。

由于试样开有预制裂纹，因此，在力的作用下必然要在裂纹尖端产生应力集中，进而产生裂纹的扩展直至冻土材料的破坏，从这个角度来说，这种试样属于压缩断裂范畴。对于这类特殊的断裂型式，基于线弹性断裂力学的冻土断裂破坏准则仍然适用。借鉴以往的试验结果认为：该种型式破坏完全是由于在其裂纹尖端存在的拉应力区所造成的，因此，其断裂破坏准则的表达式为

$$\begin{cases} K_{\mathrm{I}} < K_{\mathrm{IC}}, & \text{不破坏} \\ K_{\mathrm{I}} > K_{\mathrm{IC}}, & \text{破坏} \\ K_{\mathrm{I}} = K_{\mathrm{IC}}, & \text{临界状态} \end{cases} \tag{2.24}$$

式(2.24)的形式虽然同式(2.21)一样，但是，两个公式中参数所代表的意义却有着本质的不同。式(2.24)中的 K_{I} 值不是弯曲产生的应力强度因子，而是由压缩断裂所产生的；K_{IC}也不是反映在弯曲情况下裂纹尖端抵抗张拉应力的能力，而反映的是在压缩断裂情况下裂纹尖端抵抗张拉应力的能力。所以，式(2.24)是适合于冻土在压缩断裂条件下的断裂破坏准则的。

综合以上几种问题，基本上涵盖了冻土工程问题中的所有情况，这充分证明了冻土断裂破坏准则是既符合冻土材料自身特性又能够克服传统强度准则不足之处的具有全面意义的冻土破坏准则。

将冻土断裂破坏准则用于工程问题的步骤如下：

(1) 根据具体工程问题，进行断裂力学模型的简化，即简化为张拉破坏(I 型破坏)、剪切破坏(II 型破坏)、I-II 复合型弯曲破坏、压裂破坏(I 型破坏)及压剪破坏(I-II 型破坏)等，为整个分析奠定基础。

(2) 分析并掌握工程地点的地质、水文、气象及冰冻资料，据此可确定冻胀力的大小及性质，以及分布形式和作用点等。

(3) 进行断裂参数的确定和计算分析。准则中所涉及的三种参数，其中裂纹尺寸(初始裂纹)根据土质、温度及冰冻情况确定；断裂韧度 K_{C} 应由试验测定，在没有条件时可用现有的数据；另一个参数即为断裂应力强度因子 K，须由计算方法得到，在冻胀力确定以后，根据断裂模型计算得出。

(4) 应用断裂破坏准则 $K_{\mathrm{fi}}=K_{\mathrm{fci}}$，可以进行抗冻害破坏设计，如进行结构优化设计等；也可以进行断裂安全(强度)评定；还可以进行抗冻害破坏措施的制定，如土质换填(改变土质)、改变结构型式及选材等。

2.5 小　　结

本章在肯定了以往冻土强度分析中所采用的莫尔-库仑准则的基础上，指出了其存在的不足，进而讨论了线弹性断裂力学理论在冻土材料中的适用性，并应用线弹性断裂力学理论与方法，研究了冻胀力与冻土强度、断裂韧度的关系，引进了冻土断裂韧度作为指标，建立了适应于冻土脆性破坏的断裂破坏准则，可表示为：$K_{fi}=K_{fci}$，其中 K_{fi} 为与冻胀力和冻土中微裂纹有关的参数，K_{fci} 为表征冻土材料性能的参数。其中下标 i=I、II、I-II，分别代表冻土的张拉破坏、剪切破坏和压缩断裂破坏。然而，冻土传统意义的强度破坏准则与应用断裂力学理论的断裂破坏准则有着本质区别，前者是根据材料受力后内部所产生的应力同材料自身抵抗应力变化的能力（抗拉、抗剪、抗压应力强度）之间的关系作为判断标准的；而基于脆性断裂力学理论的断裂破坏准则则是从材料自身存在的初始裂纹尖端的应力场出发，研究材料受力后所产生的应力强度因子同材料自身的断裂韧度特性之间的关系作为判断材料破坏的标准的。它同现有强度理论相比较具有两个明显的特征：①它把冻胀力、微裂纹和断裂韧度等参数联系起来，突出地反映了冻土材料特殊的本质和特征；②在这个准则中，断裂破坏的对象既包括冻土作为地基材料的破坏，也包括冻土作为环境条件（低温环境）所引起的基础、界面、上部或地下结构物的破坏。

同时，就断裂破坏准则的适用条件和应用范围进行讨论后得出，冻土在脆性破坏条件下或在小范围屈服条件下，该断裂破坏准则是适用的。该准则不同于莫尔-库仑准则，也不同于传统的安全系数方法，它是具有更一般意义的强度破坏准则。

由于该断裂破坏准则较以往多考虑了裂纹尺寸及冻胀力等参数对冻土特性的影响，因此，给该断裂破坏准则的应用带来困难，这就是该断裂破坏准则存在的问题。所以，准确的确定裂纹尺寸、断裂韧度及冻胀力是关键所在。有关参数的确定方法及相关数据已在文献[2]中有详细讨论，可供参考，而有关断裂韧度的测定方法及结果将在第 3 章、第 4 章中详细讨论。

第3章　冻土弯曲断裂韧度试验研究

冻土断裂破坏准则同传统强度理论的本质区别在于该理论是从断裂力学考虑材料裂纹尖端应力场的角度出发，利用材料的应力强度因子同断裂韧度之间的关系来判断其是否发生破坏的理论，因此，确定材料的应力强度因子和断裂韧度是应用该理论的基础。其中，裂纹尖端的应力强度因子可以通过有限元的方法计算得到，而材料的断裂韧度则需要通过试验来确定。

众所周知，扰动的冻土内部结构发生了改变，与之相反，原状冻土则是指未被扰动的冻土，在天然状态下其内部结构没有受到任何扰动、改变。由于冻土内部的结构对土体性能有着比较明显的影响，并且在冻土工程中所遇到的冻土体都是未被扰动的原状冻土，而以往被人们所采用的冻土断裂力学数据指标又都是在实验室内针对扰动冻土测试得来的，它是与原状冻土的断裂力学指标不一致的，所以，为了解决这个问题，本章首次针对原状冻土开展了现场试验。

应用冻土线弹性断裂力学的理论和断裂韧度测试方法，分别针对辽宁省沈阳和大连两地的特定土质进行了原状冻土和重塑冻土的弯曲断裂韧度试验，并得出在不同温度和不同加载速率下相应的Ⅰ型、Ⅱ型和Ⅰ-Ⅱ复合型的断裂韧度值，并将其同室内重塑土的测试结果进行比较找出了两者之间的关系，以便于实现从室内测试结果推算出现场原状冻土的测试结果。

3.1　原状冻土现场测试方法

3.1.1　现场取土

由于现场施工取原状冻土难度极大，加之还要将原状土的内部微细观结构保持完整，避免对其产生扰动，取土时先去掉一定厚度的表层土以免因其受到人为活动的影响而导致土体结构被破坏影响试验结果(大连为30cm，沈阳为60cm)，再分割出长、宽、高分别为80cm、50cm、40cm的较大土块，然后用人工凿取的办法将大土块切割成略大于试样尺寸的试样毛坯，如图3.1所示。将取出的土块立即用塑料布及保温材料包裹，并快速运送到试验场地。在试验场地再用震动较小的电锯快速切割成满足试验尺寸要求的光滑试样。最后，将切割好的试样迅速用塑料薄膜包好、编号并测量试样尺寸，放入保温箱中恒温至少24h，以保证试样的温度变化规律及条件与实际未开挖时的原状冻土的变化规律及条件一致，同时防止温度和水分的散失。

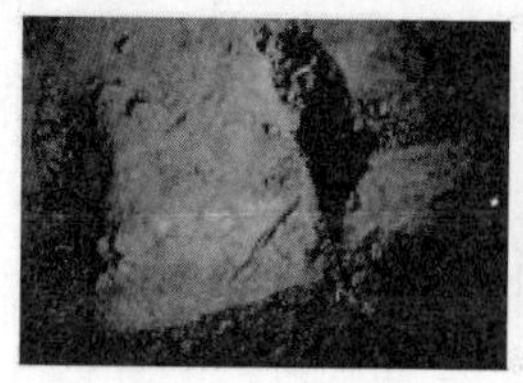

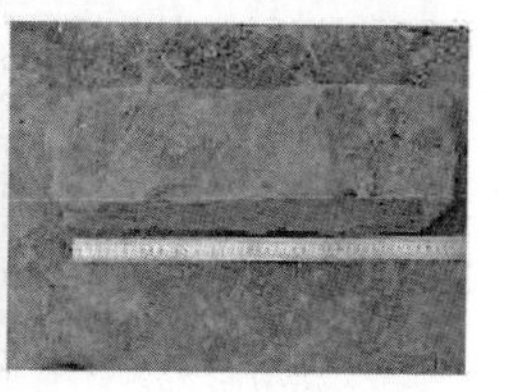

图 3.1　现场取土照片

3.1.2　试样初始裂纹的制作

试样的初始裂纹制备是个难点，基于传统断裂力学理论要求满足平面应变条件裂纹尖端要极尖，这对原状冻土来说极其困难，以往方法很难使裂尖半径达到极尖程度，而且这样的初始裂纹也不能准确反映出试样裂纹尖端扩展的本质。为了改进初始裂纹制备方法，本试验借鉴了文献[160]中所采用的制作方法，先从保温箱中迅速取出一组试样，随后在保持温度恒定的环境中按以往方法开裂纹[50,53,161]，而后将试样放在试验台上先加载到最大力直到试样破坏，可以得到它们的最大 P_{max}。再根据得到的 P_{max} 和试验场土质的力学特性就可以将试样都预先加载到 0.6～0.7P_{max}，使其在原有裂纹开口的基础上由于出现微小的裂纹扩展而形成“自然状态”下的裂纹尖端。利用这种方法制作出来的裂纹尖端与以往制作出来的裂纹尖端相比，不仅能够满足平面应变条件裂纹尖端半径达到 $\rho\leqslant 0.1$mm 的要求，也能够准确地反映出试样裂纹扩展区的实际情况，从而使试验更复合“原状”的要求、更具有可靠性。

3.1.3　试样裂纹长度的测量

裂纹长度的测量也是个难点，本试验采用岩石断裂力学研究中着色的方法来测量裂纹的长度。利用在低温下仍然有较好液性的、带有颜色的冷冻机油作为染料，在裂纹切口处均匀喷洒少量该种染料，使其沿裂缝均匀下渗直达裂纹尖端，这样当试样被压断后，在断面处可以看到由于染料下渗到裂纹尖端而留下的清晰印记，以此为依据，便可以比较准确地测量出裂纹的尺寸了，如图 3.2 所示。利用这种方法可以较好地克服以往试验中由于裂纹长度测量方法所产生的误差[160]。

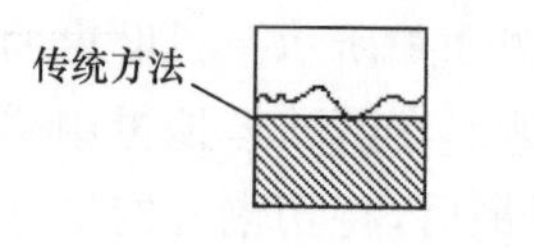

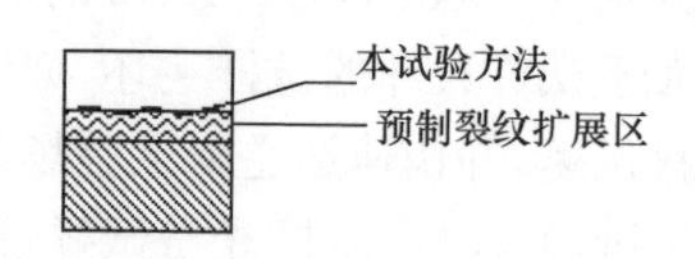

图 3.2　两种方法比较图

3.1.4 试验装置

本试验对传统的试验装置进行了改造，将三点弯曲试验台倒置悬挂于上端，在下端采用油压千斤顶来对试样施加荷载，如图3.3和图3.4所示。这样做的好处是使得采用着色法的液体染料能够沿着裂纹扩展方向渗透，并在达到裂纹尖端后能留下清晰的印记，从而便于裂纹尺寸的测量。而后利用自动数据采集系统采集数据，绘出P-V、P-Δ曲线。

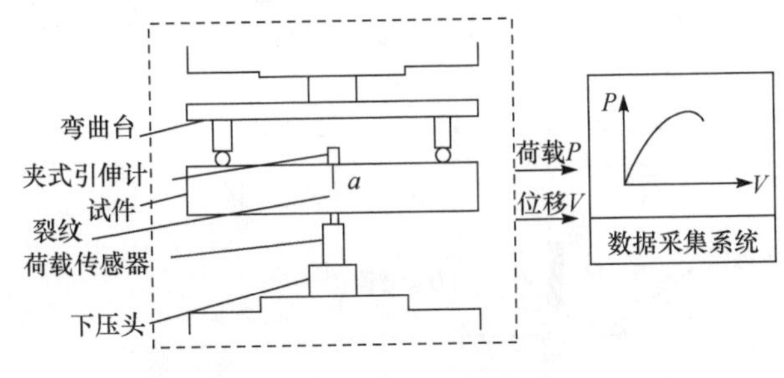

图3.3 试验装置简图

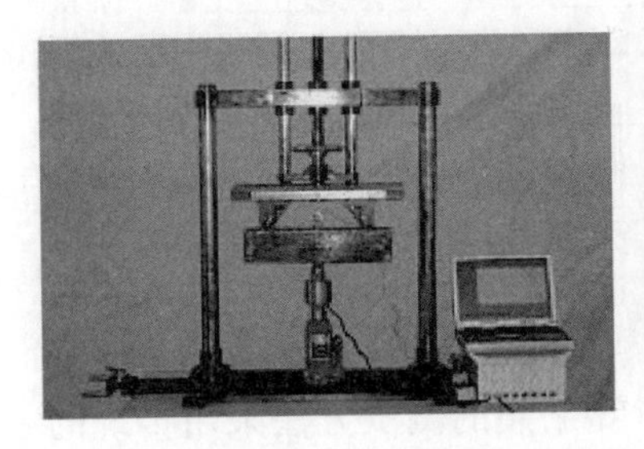

图3.4 试验装置照片

3.2 原状冻土断裂韧度测试原理

3.2.1 I型断裂韧度K_{IC}测试原理

1. 试样尺寸

冻土断裂韧度K_{IC}的测试选用了同以往不同的预制直裂纹和人字形两种裂纹形式(目的是为了便于比较试验结果的稳定性)。参照有关I型断裂的测试方法[3,154,155]采用三点弯曲试样进行试验，并根据冻土特性确定试样尺寸，试样尺寸及其受力如图3.5和图3.6所示。图3.5为预制直裂纹试验中试样尺寸：$B\times H\times L=0.1\text{m}\times0.1\text{m}\times0.4\text{m}$；图3.6为首次采用的人字形切口的试样，其尺寸为$H/B=1.5$；$H=0.1\text{m}$；$B=0.07\text{m}$；$L=4H=0.4\text{m}$，$B$为试样厚度，$H$为试样宽度，$L$为试样跨距，$a_0$ 为初始裂纹长，a 为预制后裂纹长，$a_0/H=\alpha_0$，且 $a\leqslant 0.055$mm。人字形切口的夹角为 $2\theta=90°$。

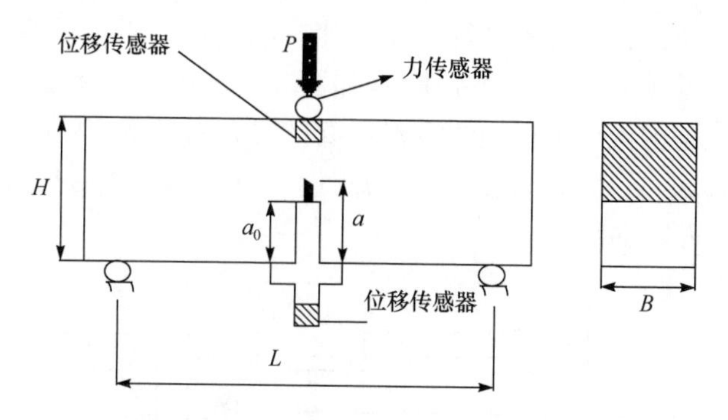

图 3.5 预制直裂纹试样尺寸及其受力图

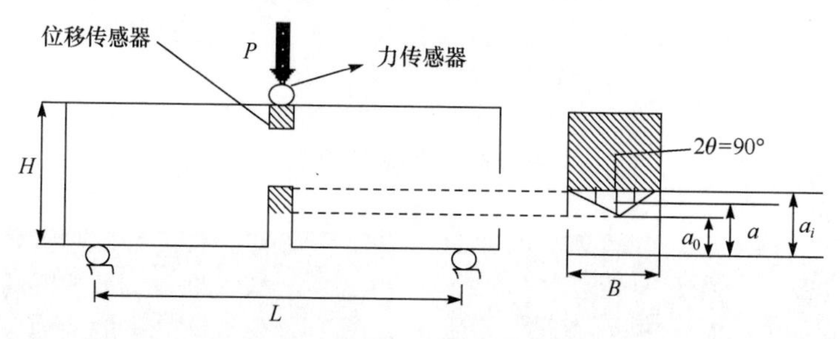

图 3.6 人字形裂纹试样尺寸及其受力图

2. Ⅰ型断裂韧度计算公式

冻土断裂韧度 K_{IC}的测试参照有关Ⅰ型断裂的测试方法采用传统的三点弯曲直裂纹标准试样进行试验，并根据冻土特性确定试样尺寸[2,161]。此外，本次研究还首次采用了岩石断裂力学中测试Ⅰ型断裂韧度的人字形试样[160]。其断裂因子的标定公式如下。

(1) 传统预制直裂纹标准三点弯曲试样($L/H=4$)的标定式采用

$$K_I=\frac{6Ma^{\frac{1}{2}}}{BH^2}f\left(\frac{a}{H}\right) \tag{3.1}$$

$$f\left(\frac{a}{H}\right)=A_0+A_1\left(\frac{a}{H}\right)+A_2\left(\frac{a}{H}\right)^2+A_3\left(\frac{a}{H}\right)^3+A_4\left(\frac{a}{H}\right)^4 \tag{3.2}$$

且当 $L/H=4$ 时，A 的各参数取值为 $A_0=1.93$；$A_1=-3.07$；$A_2=14.53$；$A_3=-25.11$；$A_4=25.80$。式(3.1)中，M 为由荷载计算得到的裂纹断面处的弯矩，MN·m；a 为裂纹长度，m；B 为试样宽度，m；H 为试样高度，m。其中临界荷载 P_C 的确定可以借鉴以往冻土断裂韧度测试中的方法，从图 2.8 和图 2.9 来看，当荷载达到 P_{max}前没有出现明显的塑性变形，因此，临界荷载取 $P_C=P_{max}$即可[2]，由

此 P_C 值计算出相应的弯矩 M_C，便可以求得 K_{IC}。

（2）人字形切口的试样当试样满足 $L/H=4$ 且 $a=(0.45\sim0.55)H$ 时，只需求出 P_{max} 便可求出 K_I：

$$K_I=\frac{P_{max}Y_{k\min}^{c}}{B\sqrt{H}} \tag{3.3}$$

其中，$Y_{k\min}^{c}$ 为试样的几何形状因子，当 $H/B=1.5$ 时，取 $\alpha_0=a_0/H$，可由式（3.4）求得[160]。

$$Y_{k\min}^{c}=2.81+44.51\alpha_0-269.6\alpha_0^2+1338\alpha_0^3-2736\alpha_0^4+2242\alpha_0^5 \tag{3.4}$$

冻土 K_{IC} 试验所得结果是否满足平面应变及小范围屈服条件，必须对计算得出的 K_q 值进行有效性判别，只有满足 $B\geqslant(1.8\sim3.0)\left(\frac{K_q}{\sigma_t}\right)^2$ 时，得出的 K_q 才有效，即 $K_q=K_{IC}$[2]。

3.2.2　II 型断裂韧度 K_{IIC} 测试原理

1. 试样尺寸

冻土断裂韧度 K_{IIC} 的测试采用四点弯曲试验装置进行，根据以往试验及冻土特性选择试样尺寸[52]，试样尺寸及受力如图 3.7 所示，其中试样尺寸为 $B\times H\times L=0.1\text{m}\times0.1\text{m}\times0.4\text{m}$，$a_0$ 为初始裂纹长，a 为预制后裂纹长。

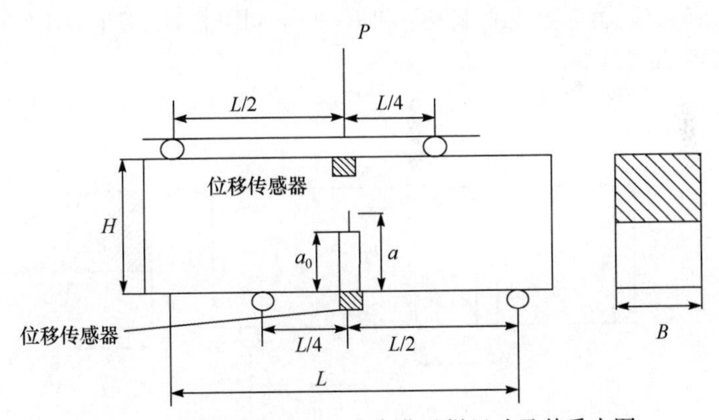

图 3.7　预制直裂纹的四点弯曲试样尺寸及其受力图

2. II 型断裂韧度计算公式

K_{IIC} 试验采用非对称四点弯曲试样，其目的是为了获得一种在裂纹面上正应力为零，而剪应力不为零的应力状态，从而使在裂纹面上 $K_I=0$，$K_{II}\neq0$，达到测试 K_{IIC} 的目的。而后可计算出裂纹面的剪切力 $Q=\frac{L_2-L_1}{L_2+L_1}P$，故剪应力可求，

$$\tau=\frac{Q}{BH}=\frac{P}{BH}\frac{L_2-L_1}{L_2+L_1} \tag{3.5}$$

当 $0.4\leqslant a/H\leqslant 0.75$ 时,相应的应力强度因子为[162]

$$K_{\mathrm{II}}=\frac{Q}{B\sqrt{H}}\times\left[1.44-5.08\left(\frac{a}{H}-0.507\right)^2\right]\sec\left(\frac{\pi a}{2H}\right)\sin\left(\frac{\pi a}{2H}\right) \tag{3.6}$$

当 Q 达到临界值,也就是荷载 P 达到最大值 $P_{\max}$时,K_{II}即为 K_{IIC}:

$$K_{\mathrm{IIC}}=\frac{P_{\max}}{3B\sqrt{H}}\times\left[1.44-5.08\left(\frac{a}{H}-0.507\right)^2\right]\sec\left(\frac{\pi a}{2H}\right)\sin\left(\frac{\pi a}{2H}\right) \tag{3.7}$$

在 II 型破坏断面存在一定角度的开裂角,而以往利用应变能密度因子理论所计算得出的角度同试验得到的开裂角值存在较大的差异,因此,II 型破坏的开裂角由试验取得。

3.2.3 复合型断裂韧度测试原理

1. 试样尺寸

冻土 I-II 复合型断裂韧度测试采用偏直裂纹三点弯曲试样[160],试样尺寸及其受力如图 3.8 所示,试样尺寸为 $B\times H\times L=0.1\mathrm{m}\times 0.1\mathrm{m}\times 0.4\mathrm{m}$;分 $2l/L=0$, 1/6,2/6,3/6四种情况来计算裂纹尖端应力强度因子 K_{I} 和 K_{II},a 为预制裂纹长,且 $a\leqslant 0.055\mathrm{m}$。从图 3.8 中可以看出,通过调节 l 的位置从而在裂纹面上得到不同的正应力和剪应力组合形式,即 K_{I} 和 K_{II}的不同组合,以满足 I-II 复合型断裂试验的要求达到测试目的。

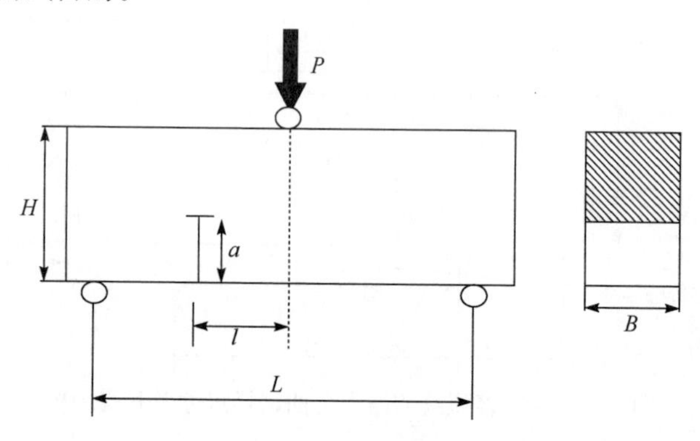

图 3.8 复合型试样尺寸及受力图

2. 复合型断裂韧度的计算

参照文献[160]对 I-II 复合型断裂偏直裂纹三点弯曲试样应力强度因子的研究方法,采用边界配位法当同时满足 $a/H=0.4\sim0.6$、$L/H=4$ 时,可以根据 $2l/L=0$,1/6,2/6,3/6 情况计算裂纹尖端应力强度因子 K_{I} 和 K_{II},给出无量纲 $K_{\mathrm{I}}B$

$(\sqrt{H})^3/M$ 和 $K_{\mathrm{II}}B(\sqrt{H})^3/M$ 的值如表 3.1 所示。

表 3.1　无量纲 $K_{\mathrm{I}}B(\sqrt{H})^3/M$ 和 $K_{\mathrm{II}}B(\sqrt{H})^3/M$ 值

$2l/L$	0	1/6	2/6	3/6
$K_{\mathrm{I}}B(\sqrt{H})^3/M$	7.71	7.08	5.17	4.18
$K_{\mathrm{II}}B(\sqrt{H})^3/M$	0.00	0.52	0.70	0.68

3.3　大连地区原状冻土断裂韧度测试试验

3.3.1　土质分析

试样采用大连市普兰店地区有代表性的低液限粉土，其土质颗粒成分及物性指标如表 3.2 所示。

表 3.2　大连地区土样颗粒成分及物性指标

类别	颗粒分析/mm						物性指标			
	5～2	2～0.5	0.5～0.25	0.25～0.075	0.075～0.005	<0.005	ω_0	ω_L	I_P	ω_P
低液限粉土	8.0%	17.5%	14.5%	20.0%	36.5%	3.0%	10.6%	25%	9.4%	15.6%

注：其中 ω_0、ω_P、I_P、ω_L 依次为含水率、塑限、塑性指数和液限。

3.3.2　冻结历史的确定

原状冻土试验除了要保持土的细观结构外，还考虑土的冻结历史，可以测试在不同冻结历史条件下的断裂韧度，为此，在试验前对当地冬季地温及冻胀量随时间的变化规律进行了测量，进而使试验能够控制在该规律下进行。大连地区不同埋深处冻胀量、冻融曲线如图 3.9 所示。

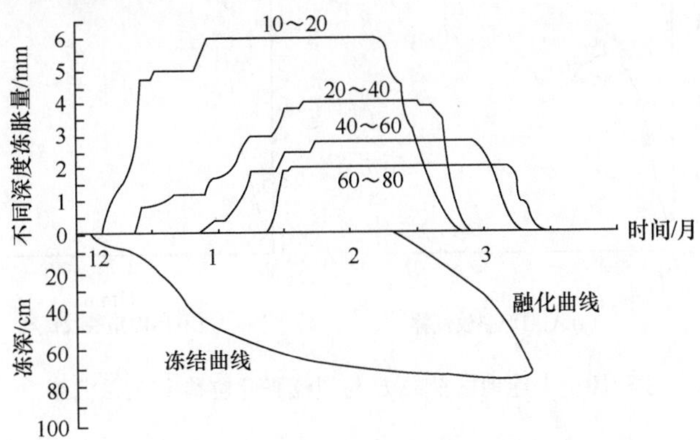

图 3.9　大连地区不同埋深处冻胀量、冻融曲线

为了便于试验环境条件的控制，根据图 3.9 的观测结果，将不同时间段的冻深、冻胀量、土温及含水率列于表 3.3。

表 3.3　不同时间的冻深、冻胀量土温及含水率表

时间/(年-月-日)	冻深/cm	冻胀量/mm	60cm 深处土温/℃	含水率/%
2004-1-1	45	0.2	2.1	10.5
2004-1-15	62	1.9	−0.5	10.2
2004-2-1	71	2.3	−3.1	10.0
2004-2-15	76	2.3	−6.0	10.0
2004-3-1	78	2.0	−5.2	10.1

3.3.3　I 型断裂韧度 K_{IC} 测试结果

1. 直裂纹试样断裂韧度 K_{IC} 测试结果

当冻深为 71cm 时，取距表层土 60cm 深的冻土体，制备 I 型裂纹试样，控制试验温度为−3.1℃，含水量为 10%，获得直裂纹试样的 K_q 值。试样在相同的加载速率、天然含水率和温度变化规律(与该种土质在实际相同深度处的冻土温度变化规律相同)情况下，可以得到如图 3.10 所示的 P-V 曲线图，从图 3.10 中可以清楚地看出：荷载在达到 P_{max} 破坏之前没有明显的塑性变形，说明此种冻土具有明显的线弹性特性，此种破坏属于脆性破坏[89]。因此，在计算 K_{IC} 时只考虑了冻土材料的线性性质，而没有考虑冻土非线性的影响，并采用文献[2][160]的方法取 $P_C = P_{max}$。取冻土拉伸强度 $\sigma_t = 3.6$MPa，然后经过有效性检验确定 K_{IC} 值[2]，如表 3.4 所示。

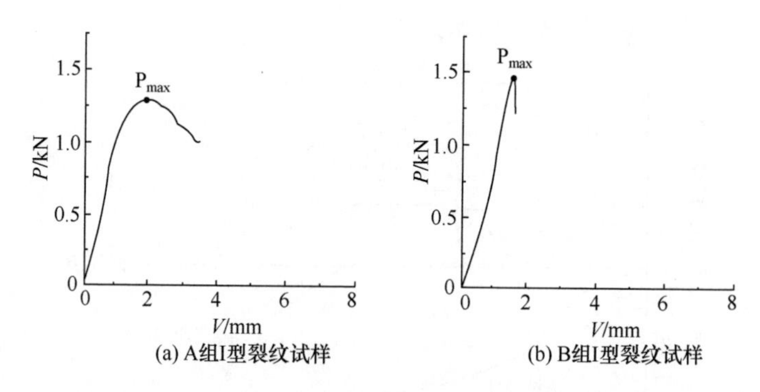

图 3.10　大连地区荷载 P 与裂纹张开位移 V 关系曲线

表 3.4　大连地区原状冻土预制直裂纹 K_{IC} 试验计算结果

编号	裂纹长度	试样尺寸			临界荷载	断裂韧度	
	a/cm	L/cm	H/cm	B/cm	P_C/kN	K_q/(MPa · m)$^{1/2}$	K_{IC}/(MPa · m$^{1/2}$)
ST-1	4.6	40.9	10.7	10.9	0.412	0.094	0.094
ST-2	3.3	41.4	10.4	9.8	—	—	—
ST-3	3.5	41.3	10.6	9.6	—	—	—
ST-4	4.6	41.3	10.4	10.8	0.241	0.062	0.062
ST-5	4.1	41.5	9.7	10.2	0.367	0.104	0.104
ST-6	4.9	41.0	10.4	10.3	0.229	0.063	0.063
ST-7	3.3	41.5	11.3	11.3	0.996	0.144	0.144
ST-8	2.9	41.5	10.5	11.0	0.615	0.093	0.093
ST-9	5.8	41.7	9.9	9.1	0.285	0.143	0.143

2. 人字形裂纹试样断裂韧度 K_{IC} 测试结果

当冻深达到 76cm 时，仍取距地表 60cm 处的冻土体，制备 I 型裂纹试样，控制试验温度为－6.0℃，含水量为 10%，获得人字形切口试样的 K_q 值。仍然取冻土拉伸强度 σ_t＝3.6MPa，再利用有效性公式进行检验后得出满足 $B>B_1$ 条件的 K_q 值，从而得到 K_{IC} 值[2]，如表 3.5 所示。这个结果相应于土体从冻结开始到 2004 年 2 月 15 日的冻结历史。

表 3.5　大连地区人字形切口的 K_{IC} 试验计算结果

编号	裂纹长度/cm		试样尺寸			临界荷载	断裂韧度	
	a_0	a_1	L/cm	H/cm	B/cm	P_C/kN	K_q/(MPa · m$^{1/2}$)	K_{IC}/(MPa · m$^{1/2}$)
ST-1	2.4	7.4	41.2	9.3	7.3	2.621	0.928	0.576
ST-2	2.5	7.3	40.9	9.9	7.1	2.731	0.101	0.521
ST-3	2.8	5.9	41.0	11.4	7.3	2.940	0.152	0.612
ST-4	2.5	5.9	40.8	10.9	7.4	2.557	0.924	0.589
ST-5	2.6	6.4	40.5	10.6	6.8	2.102	0.887	0.621
ST-6	2.9	6.2	40.4	10.9	6.6	1.404	0.653	0.653
ST-7	2.9	5.9	41.0	11.4	7.2	2.253	0.901	0.611
ST-8	2.6	5.5	41.0	10.5	7.1	1.638	0.674	0.674
ST-9	2.5	6.4	41.0	11.3	6.9	1.919	0.698	0.698

利用分层冻胀量观测法测出了大连市普兰店地区低液限粉土冬季地温及冻胀量的变化规律,并在保证原状冻土特性的前提下,通过借鉴岩石断裂力学试验中预制裂纹及采用着色法观测裂纹尺寸的方法,预制出了更符合实际的裂纹尖端,提高了裂纹尺寸测量的精确度,并利用改进后的试验装置得出了更符合当地地温变化的Ⅰ型预制直裂纹和人字形裂纹试样的断裂韧度值。

从表 3.4 和表 3.5 的结果来看,人字形断裂韧度值明显大于预制直裂纹试样的断裂韧度值,这是因为虽然两种试样取土的深度是一致的,但由于对这两种试样进行测试的时间是不同的(预制直裂纹试样的测试时间是 2 月 1 日,人字形试样的测试时间是 2 月 15 日),这说明了即使是在同一深度的土层,随着冻结历史的不同的同种试样的测试结果也是不同的。

3.3.4 II 型断裂韧度 K_{IIC} 测试结果

根据图 3.9 所示不同埋深处冻胀量、冻深-时间曲线之间的关系,同样在冻深达到 76cm 时,仍取距地表 60cm 处的冻土体,制备 II 型裂纹试样,控制试验温度为 −6.0℃,含水量为 10%,得出原状冻土 II 型断裂韧度,如表 3.6 所示。

表 3.6 大连地区预制直裂纹的 K_{IIC} 试验计算结果

编号	裂纹长度	试样尺寸			临界荷载	开裂角	断裂韧度
	a/cm	L/cm	H/cm	B/cm	P_C/kN	θ/(°)	K_{IIC}/(MPa · $m^{1/2}$)
ST-1	4.5	41.3	10.4	10.5	4.152	78.2	0.075
ST-2	4.6	39.5	10.8	10.8	4.630	81.5	0.062
ST-3	3.9	39.5	10.6	10.3	5.182	76.5	0.062
ST-4	4.6	40.5	11.2	10.8	4.964	76.9	0.082
ST-5	4.8	41.2	10.4	9.9	4.682	82.3	0.078
ST-6	4.3	39.8	10.6	10.7	4.988	77.8	0.081
ST-7	5.1	40.1	9.9	10.3	4.678	77.5	0.071
ST-8	4.9	40.1	11.2	11.6	5.236	74.2	0.069
ST-9	4.7	40.2	10.9	10.9	5.121	78.6	0.082

通过开裂角实测值与理论计算值的比较可以说明:冻土 II 型断裂的开裂角实测值与理论计算值相差不大,基本上是符合由应变能密度因子理论(S 准则)推导出的开裂角的大小,因此,该理论对冻土材料而言是适合的,这一点同对扰动土的实验室结果是相吻合的[147]。

3.3.5　复合型断裂韧度测试结果

根据图 3.9 所示不同埋深处冻胀量、冻深-时间曲线之间的关系制备 I-II 复合型裂纹试样，在试验过程中严格控制试验温度为－6℃、试样含水率 10%，得出原状冻土 I-II 复合型断裂韧度值如表 3.7 所示，这个结果相应于土体从冻结开始到 2004 年 3 月 1 日的冻结历史。

表 3.7　大连地区原状冻土人预裂纹 I-II 复合型断裂试验结果

编号	裂纹长	试样尺寸				临界荷载	断裂角	断裂韧度	
	a/cm	l/L	L/cm	H/cm	B/cm	P_C/kN	θ/(°)	K_{IC}/(MPa · m$^{1/2}$)	K_{IIC}/(MPa · m$^{1/2}$)
ST-1	4.1	2/6	40.2	10.3	10.3	3.398	25.2	0.346	0.047
ST-2	4.1	2/6	41.5	9.9	11.3	2.588	31.6	0.255	0.034
ST-3	4.2	2/6	41.8	10.0	10.9	2.562	29.8	0.257	0.035
ST-4	4.5	1/6	39.2	10.5	11.6	0.671	7.0	0.101	0.007
ST-5	4.4	1/6	40.8	9.3	11.3	0.360	5.5	0.067	0.005
ST-6	4.1	1/6	42.7	10.3	11.6	1.324	9.5	0.204	0.015
ST-7	4.6	0	40.5	10.7	10.9	0.412	0	0.083	0
ST-8	4.1	0	41.5	9.7	10.2	0.367	0	0.092	0
ST-9	4.9	0	40.0	10.4	10.3	0.229	0	0.051	0

虽然土质相同、土体结构相同，但是不同的冻结历史土体的内部温度、未冻水含量等因素是不同的。表 3.7 中试样 7、8、9 的 $l=0$，$K_{\text{II}}=0$，而且 K_{I} 值由临界荷载 P_C 计算而得，说明其 K_{I} 值即为临界应力强度因子(断裂韧度)。将表 3.3 同表 3.7 中试样 7、8、9 的试验结果相比较，可以看出，在同一冻深的土体，随着冻结历史的不同，其断裂韧度值也不相同。

3.4　沈阳地区原状冻土断裂韧度测试试验

由于在大连地区的原状冻土测试研究是首次进行的，加之试验方法和手段还不够成熟，因此，导致一些测试数据不够理想，规律性不强。为了进一步求证原状冻土断裂韧度的变化规律，本项研究又针对沈阳地区的低液限黏土再次进行了现场原状冻土的断裂破坏测试研究。

3.4.1　土质分析

本次测试研究所采用的是沈阳地区的低液限黏土，其土质颗粒成分及物性指标如表 3.8 所示。

表 3.8　沈阳地区土样颗粒成分及物性指标

类别	颗粒分析/mm						物性指标			
	5～2	2～0.5	0.5～0.25	0.25～0.075	0.075～0.005	<0.005	ω_0	ω_L	I_P	ω_P
低液限黏土	0.02%	0.22%	2.65%	5.13%	80.98%	11%	17.5%	31%	12%	19%

注：ω_0、ω_P、I_P、ω_L依次为含水率、塑限、塑性指数和液限。

3.4.2　冻结历史的确定

本次试验同样要保持原状冻土的细观结构及冻结历史。参照以往经验，测得沈阳地区不同埋深处冻胀量、冻融曲线和不同埋深处温度变化曲线分别如图 3.11 和图 3.12 所示。

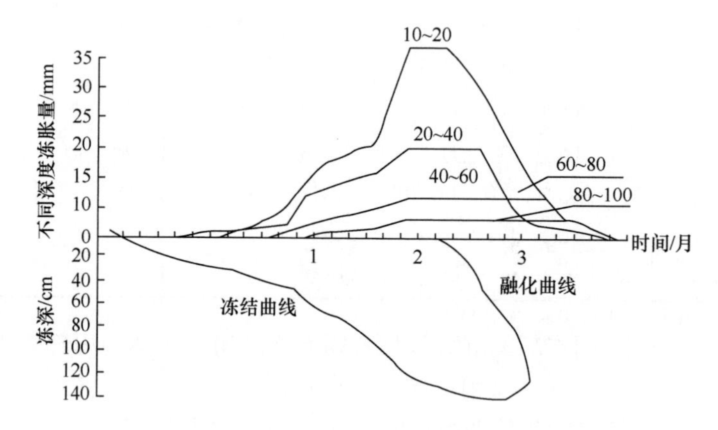

图 3.11　沈阳地区不同埋深处冻胀量、冻融曲线

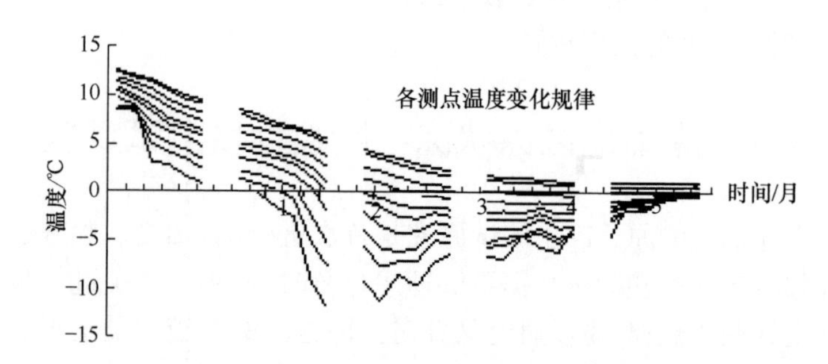

图 3.12　沈阳地区不同深度处温度变化曲线

同样将沈阳地区不同时间段的冻深、冻胀量、土温及含水率列于表 3.9 中以便于试验环境条件的控制。

表 3.9　沈阳地区不同时间的冻深、冻胀量土温及含水率表

时间/(年-月-日)	冻深/cm	冻胀量/mm	0.8m处土温/℃	含水率/%
2005-1-1	75	3.9	−2.3	17.5
2005-1-15	106	5.2	−4.4	17.2
2005-2-1	110	8.6	−4.5	17.0
2005-2-15	96	8.3	−3.8	17.1
2005-3-1	42	4.2	−3.2	17.4

3.4.3　I 型断裂韧度测试结果

1. 直裂纹试样断裂韧度测试结果

当冻深为110cm时，取距表层土80cm深的原状冻土土体，保持试样在相同深度处的原状状态的含水率为17%、相同的温度变化规律，并控制试验温度为−4.5℃。在相同的加载速率下进行试验，利用动态采集系统采集数据，得到如图3.13所示的沈阳地区I型 P-V 曲线，从图3.13中可以清楚地看出荷载在达到 P_{max}破坏之前没有明显的塑性变形，说明此种冻土具有明显的线弹性特性，此种破坏属于脆性破坏[89]。因此，在计算 K_{IC}时只考虑了冻土材料的线性性质，而没有考虑冻土非线性的影响，并采用文献[2]、[160]的方法取 $P_C=P_{max}$。取冻土拉伸强度 $\sigma_t=3.6$MPa，然后经过有效性检验确定 K_{IC}值[2]，如表3.10所示。

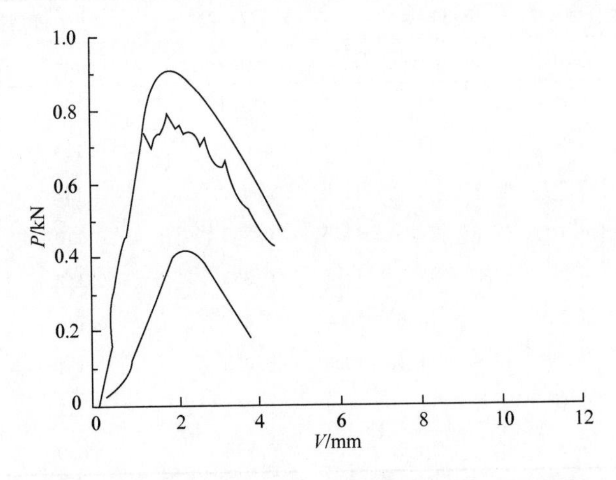

图 3.13　沈阳地区荷载 P 与裂纹张开位移 V 关系曲线

表 3.10　沈阳地区原状冻土 I 型直裂纹断裂韧度 K_{IC} 试验计算结果

编号	裂纹长度	试样尺寸			临界荷载	断裂韧度	
	a/cm	L/cm	B/cm	H/cm	P_C/kN	K_q/(MPa · m$^{1/2}$)	K_{IC}/(MPa · m$^{1/2}$)
ST-1	4.2	41.1	11.8	11.2	0.321	0.191	0.191
ST-2	4.9	41.2	11.4	12.2	0.483	0.160	0.160
ST-3	5.2	40.1	11.6	12.1	0.450	0.102	0.102
ST-4	3.8	42.2	11.8	12.8	0.262	0.121	0.121
ST-5	4.4	37.0	11.6	10.9	0.333	0.152	0.152
ST-6	4.2	39.3	11.8	10.5	0.451	0.282	0.136
ST-7	4.2	40.5	11.3	10.8	0.224	0.121	0.121
ST-8	4.2	39.8	12.8	11.2	0.321	0.123	0.123

2. 人字形裂纹试样断裂韧度测试结果

当冻深为 110cm 时，取距表层土 80cm 深的原状冻土土体，保持试样在相同深度处的原状状态的含水率为 17%、相同的温度变化规律，并在控制试验温度为 −4.5℃（这个结果相应于土体从冻结开始到 2005 年 2 月 1 日的冻结历史）。获得人字形切口试样的 K_q 值。仍然取冻土拉伸强度 $\sigma_t=3.6$MPa，再利用有效性公式进行检验得出满足 $B>B_1$ 条件的 K_q 值，即得到 K_{IC} 值[2]，如表 3.11 所示。

表 3.11　沈阳地区人字形切口的 K_{IC} 试验计算结果

编号	裂纹长度		试样尺寸			临界荷载	断裂韧度	
	a_0/cm	a_1/cm	L/cm	B/cm	H/cm	P_C/kN	K_q/(MPa · m$^{1/2}$)	K_{IC}/(MPa · m$^{1/2}$)
ST-1	1.0	5.8	38.1	11.6	11.6	0.618	0.121	0.131
ST-2	1.1	6.3	38.0	11.5	13.1	0.624	0.120	0.120
ST-3	1.8	6.3	38.2	11.5	11.5	0.554	0.132	0.132
ST-4	1.2	6.4	41.5	12.5	11.5	0.258	0.113	0.113
ST-5	1.4	6.2	39.5	10.9	11.6	0.335	0.142	0.142
ST-6	1.2	5.8	40.0	10.6	10.8	0.604	0.112	0.112
ST-7	1.1	5.3	40.6	11.1	10.3	0.623	0.131	0.131
ST-8	1.1	5.1	40.6	11.0	10.4	0.631	0.112	0.112
ST-9	1.6	6.0	40.2	10.3	10.1	0.568	0.090	0.090

3.4.4　II 型断裂韧度 K_{IIC} 测试结果

利用沈阳地区不同埋深处冻胀量、冻融曲线和不同埋深处温度变化规律来控制试验全过程。在同 K_{IC} 试验相同条件下计算出 II 型直裂纹的断裂韧度 K_{IIC} 值，如表 3.12 所示。

表 3.12　沈阳地区原状冻土的 II 型线弹性断裂韧度 K_{IIC} 试验计算结果

编号	裂纹长度	试样尺寸			临界荷载	断裂角	断裂韧度
	a/cm	L/cm	H/cm	B/cm	P_C/kN	θ/(°)	K_{IIC}/(MPa·m$^{1/2}$)
ST-1	4.3	40.1	12.5	10.9	8.331	63.8	0.095
ST-2	4.2	40.3	10.9	10.2	6.113	60.1	0.065
ST-3	4.0	40.6	10.1	10.6	9.472	58.9	0.084
ST-4	4.7	40.3	10.5	10.9	8.271	60.3	0.097
ST-5	4.1	40.9	10.2	10.2	9.073	61.2	0.101
ST-6	4.3	36.3	12.5	11.4	8.071	66.5	0.086
ST-7	4.3	39.2	10.4	9.8	5.330	51.5	0.048
ST-8	4.4	39.5	11.5	12.5	4.671	62.8	0.052

3.4.5　复合型断裂韧度测试结果

利用沈阳地区不同埋深处冻胀量、冻融曲线和不同埋深处温度变化规律来控制试验全过程。得到不同组合的 K_{IC} 和 K_{IIC} 值，如表 3.13 所示。

表 3.13　沈阳地区原状冻土人字形预制裂纹 I-II 复合型断裂试验结果

编号	裂纹长度	试样尺寸				临界荷载	断裂角	断裂韧度	
	a/cm	l/L	L/cm	H/cm	B/cm	P_C/kN	θ/(°)	K_{IC}/(MPa·m$^{1/2}$)	K_{IIC}/(MPa·m$^{1/2}$)
ST-1	4.6	2/6	40.6	10.2	10.6	2.132	53.8	0.268	0.039
ST-2	4.6	2/6	39.5	10.0	10.3	2.011	46.2	0.255	0.034
ST-3	4.2	2/6	40.1	10.6	10.9	2.032	65.1	0.257	0.035
ST-4	4.9	1/6	41.0	12.0	10.9	5.762	10.3	0.101	0.007
ST-5	4.7	1/6	39.3	11.3	11.0	4.680	27.1	0.067	0.005
ST-6	4.1	1/6	40.2	10.5	10.7	1.721	39.2	0.204	0.015
ST-7	3.9	0	42.3	10.0	10.5	8.312	0	0.083	0
ST-8	4.9	0	41.1	11.0	10.8	9.121	0	0.092	0
ST-9	4.9	0	39.0	10.5	10.3	4.720	0	0.051	0

3.5　室内重塑冻土断裂韧度的测试

将沈阳地区现场试验用土在实验室配成与原状冻土的含水率相同的土样，然后再将其制成试验要求的试样来进行冻土断裂韧度试验。目的是将现场原状冻土试验的结果同室内重塑冻土的试验结果相比较，找出两者之间的相应关系。以达到当无法进行现场试验时可以参照该关系，从室内试验的结果换算出现场试验应该得到的结果，以便于实际应用。

3.5.1 试验方法

1. 试样制作

试验试样采用与现场试验相同的沈阳地区的低液限黏土，其土质颗粒成分及物性指标如表 3.8 所示。

室内冻土试样不能像岩石、混凝土材料试样那样直接加工制作而成，而得采用对扰动土进行配制得到要求含水率的重塑土，后将其进行加工、冻结而成。因此，对冻土试样的制作需控制好以下两个方面。

(1) 由于冻土与其他固体材料不同之处在于其性质随着含水率的变化而变化，因此，必须严格控制试件的含水率。

本试验按照表 3.8 中所给出的含水率，根据取土现场原状土的密度，首先采用《土工试验规程》(SL237—1999)[163]的方法测定待用土的含水率，而后按照原状土的密度称量出满足室内试样尺寸的干土重再配以计算好的蒸馏水以达到试验要求的含水率。将其装入模具中压实。为了脱模方便，可事先可在模具内壁涂抹润滑油或凡士林。然后在冰柜中将其冻至试验所要求的温度，并至少恒温 24h 方可取出托模，进行试验。在冻结过程中及脱模后试样恒温过程中，始终用塑料口袋封存以防止水分遗失；在试验前后各测定含水率一次，两次结果一致方可试验，否则无效。

(2) 同一批试样必须要保证压实程度一致。为此，首先要保证按取土现场原装土的密度及含水率计算得出的相同重量的土装入相同体积的模具中。其次，将土样分三层(每层施加相同大小、相同速率的力压实后再将其表面刮毛，以防止试样分层)在模具中压实。最后在试验结束时检验试样，发现其出现疏松现象则视试验为无效。

2. 试样初始裂纹的制作及测量

试样初始裂纹的制备及测量同样采用原状冻土断裂力学试验中预制裂纹和着色的方法进行。

3. 试验装置

本试验参照原状冻土断裂力学试验中的试验装置，在 500kN 的 CSS－2250 电子万能压力试验机上将三点弯曲试验台倒置悬挂于上端，在下端采用压力试验机自动对试样施加荷载，如图 3.14 所示，这样做便于裂纹尺寸的测量。通过压力机上自动数据采集系统采集数据，绘出 P-V、P-μ 曲线。

图 3.14　试验装置照片

3.5.2　断裂韧度试验

1. Ⅰ型断裂韧度测试原理

1）试样尺寸

室内重塑冻土断裂韧度的测试试验同样选用了预制直裂纹和人字形两种试样形式，采用三点弯曲试样进行试验。为了便于同现场试验进行比较，故而试样尺寸与现场试验的试样尺寸相同，其受力如图 3.4 和图 3.5 所示。

2）断裂韧度计算公式

参照有关Ⅰ型断裂的测试方法采用传统的三点弯曲直裂纹标准试样进行试验，其断裂因子的标定公式分别为：①传统预制直裂纹标准三点弯曲试样（$L/H=4$）的标定采用式（3.1）和式（3.2），从图 3.10 和图 3.13 来看，当荷载达到 P_{max} 前没有出现明显的塑性变形，因此，临界荷载取 $P_C=P_{max}$ 即可[2]；②人字形切口的试样，当试样满足 $L/H=4$ 且 $a=(0.45\sim0.55)H$ 时，同样只需求出 P_{max} 便可求出 K_{I}，采用式（3.3）和式（3.4）。

同样，为了使得试验所得结果满足平面应变及小范围屈服条件，还必须对计算得出的 K_q 值进行有效性判别后才能得出有效的 K_q，即 $K_q=K_{\mathrm{IC}}$[2]。

2. Ⅰ型断裂韧度测试结果

1）预制直裂纹断裂韧度测试

在试验过程中始终控制试样的含水率同现场试验保持一致，所以，重塑土试样仅就试样在不同温度、不同加载速率下进行研究。将得到的 K_q 经有效性检验后得到重塑冻土Ⅰ型断裂韧度 K_{IC} 值同温度、加载速率的关系曲线如图 3.15 和图 3.16 所示。

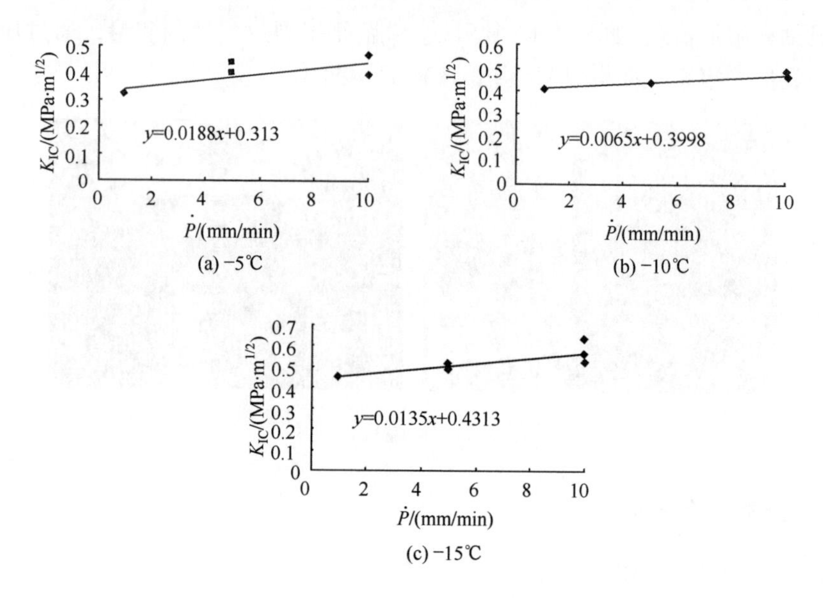

图 3.15 Ⅰ型不同温度下 K_{IC}与加载速率 $\dot{P}$ 关系曲线

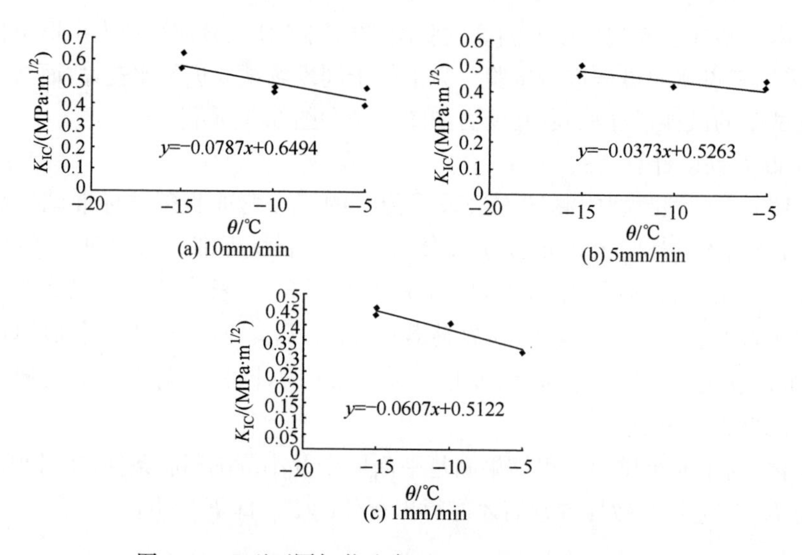

图 3.16 Ⅰ型不同加载速率下 K_{IC}与温度 θ 关系曲线

图 3.15 中分别表示当温度为－5℃、－10℃、－15℃时加载速率 $\dot{P}$ 同Ⅰ型断裂韧度 K_{IC}的变化规律。从图中可以清楚地看出，温度为－15～－5℃时，断裂韧度 K_{IC}值随着加载速率的增大而呈线性增加，但增加的幅度不大，说明加载速率对其的影响并不十分明显，数据拟合公式如图 3.15 所示。

图 3.16 中分别表示加载速率为 10mm/min、5mm/min 和 1mm/min 时，Ⅰ型

断裂韧度 K_{IC}随温度的变化规律。从图中可以看出，在不同的加载速率下，断裂韧度 K_{IC}都随着温度的升高而降低，且呈线性规律变化，这一点同利用兰州黄土为材料的冻土断裂试验规律是一致的。

2）人字形裂纹断裂韧度测试

从图 3.17 可以清楚地看出在三种温度下冻土试样的断裂韧度值 K_{IC}都是当加载速率为 5mm/min 时出现最大值，说明这种人字形试样的断裂韧度值 K_{IC}受加载速率的影响比较明显。

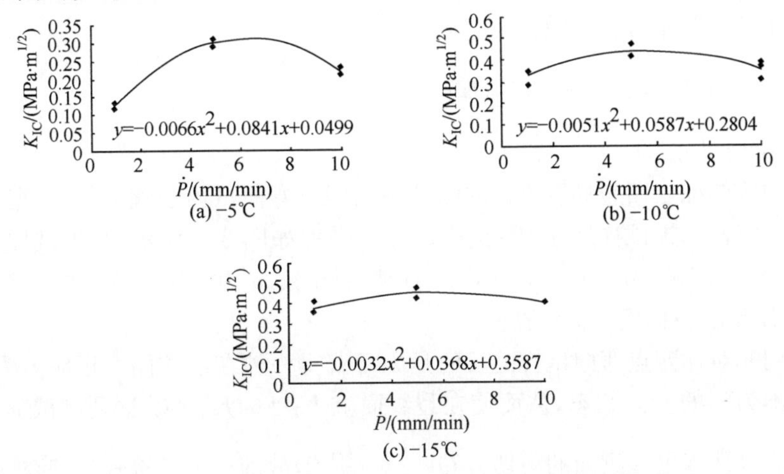

图 3.17　人字形裂纹不同温度下 K_{IC}与加载速率 $\dot{P}$ 关系曲线

从图 3.18 中看到在三种不同的加载速率下冻土试样的断裂韧度值 K_{IC}的变化都随着温度的升高而降低的，说明这种人字形试样的断裂韧度值 K_{IC}受温度变化的影响也比较明显。

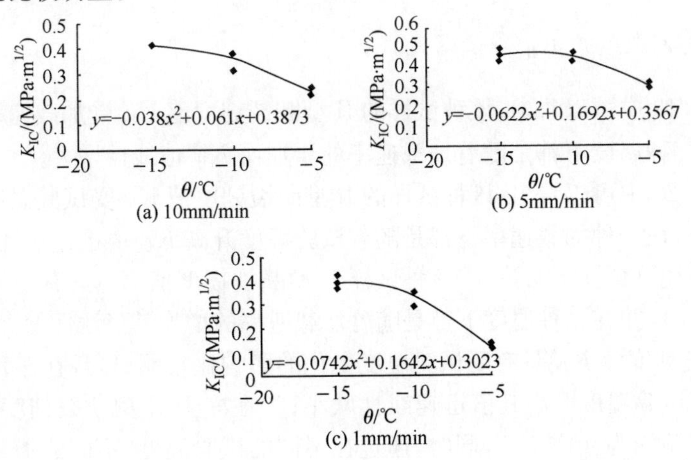

图 3.18　人字形不同加载速率下 K_{IC}与温度 θ 关系曲线

I 型预制裂纹试样和人字形试样的断裂韧度 K_{IC} 的测试中，温度为 −15～−5℃时，I 型预制裂纹试样的断裂韧度 K_{IC} 值受加载速率的影响并不十分明显，随着加载速率的增大而逐渐呈线性增大。而人字形冻土试样在三种温度下的断裂韧度值 K_{IC} 都是当加载速率为 5mm/min 时出现最大值，说明这种人字形试样的断裂韧度值 K_{IC} 受加载速率的影响比较明显。

在加载速率分别为 10mm/min、5mm/min 和 1mm/min 变化的过程中，I 型预制裂纹试样和人字形试样的断裂韧度值 K_{IC} 都是随着温度的升高而减小，这点同兰州黄土的试验结果相一致。

3. II 型断裂韧度 K_{IIC} 测试原理

1）试样尺寸

室内重塑冻土断裂韧度 K_{IIC} 的测试采用四点弯曲试验装置进行，根据以往试验及冻土特性选择试样尺寸[45]，试样尺寸及受力如图 3.7 所示，其中试样尺寸为 $B \times H \times L = 0.1\text{m} \times 0.1\text{m} \times 0.4\text{m}$，$a_0$ 为初始裂纹长，a 为预制后裂纹长。

2）II 型断裂韧度 K_{IIC} 计算公式

采用非对称四点弯曲试样的目的是为了获得一种在裂纹面上正应力为零，而剪应力不为零的应力状态，从而使在裂纹面上 $K_I = 0$，$K_{II} \neq 0$，达到测试 K_{IIC} 的目的。而后可计算出裂纹面的剪切力 $Q = \frac{L_2 - L_1}{L_2 + L_1} P$，故剪应力可按式(3.5)求得。而 K_{II} 和 K_{IIC} 则可利用式(3.6)和式(3.7)来计算。

由于 II 型破坏的断裂面存在一定的开裂角，而以往利用应变能密度因子理论所计算得出的角度同试验得到的开裂角值存在较大的差异，因此，II 型破坏的开裂角由试验取得。

4. II 型断裂韧度 K_{IIC} 测试结果

从图 3.19 中可以看出，该种试样的 II 型断裂韧度值 K_{IIC} 受加载速率的影响并不明显，在三种温度下都是随着加载速率的增加而 K_{IIC} 值线性增大。

从图 3.20 中可以看出，该种试样的 II 型断裂韧度值 K_{IIC} 受试验温度变化的影响比较明显，在三种加载速率下都是随着试验温度升高 K_{IIC} 值迅速线性减小。

综上所述可得如下结论：①该种试样 II 型断裂韧度值 K_{IIC} 具有受加载速率的影响并不明显，并在三种温度下都是随着加载速率的增加其值线性增大；②该种试样 II 型断裂韧度值 K_{IIC} 具有受试验温度变化的影响比较明显，且在三种加载速率下都是随着试验温度升高其值迅速线性减小；③在冻土 II 型断裂韧度的试验中，试样的开裂角均为 40°～60°，同时，通过在不同的试验温度、不同的加载速率以及不同的裂纹开口深度下的 II 型断裂试验结果可知，其开裂角始终为 40°～60°，这

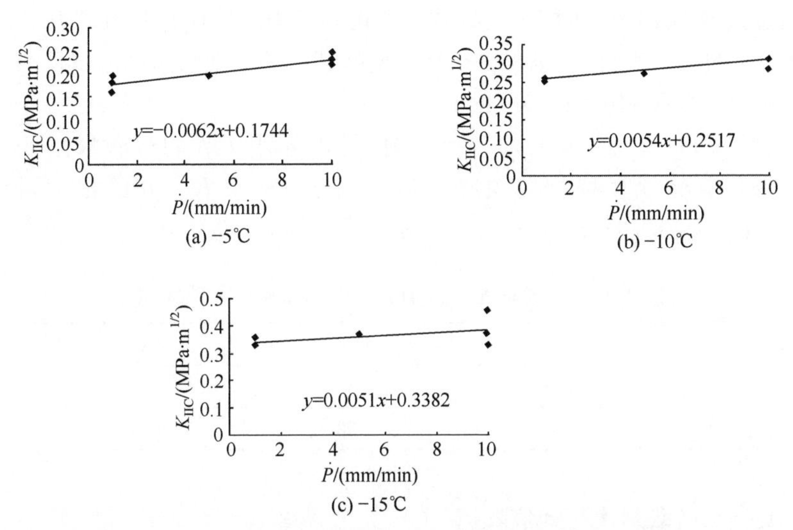

图 3.19　II 型不同温度下 K_{IIC} 与加载速率 $\dot{P}$ 关系曲线

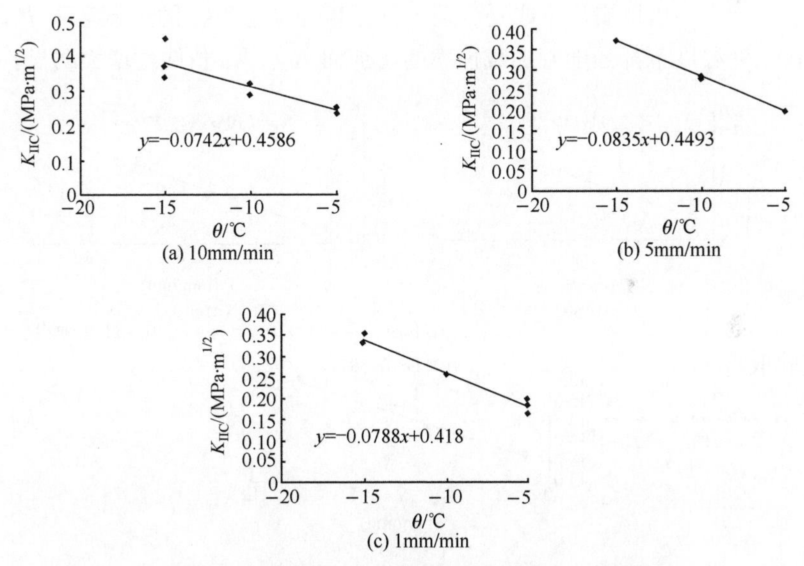

图 3.20　II 型不同加载速率下 K_{IIC} 与温度 θ 关系曲线

说明 II 型断裂试样的开裂角只是同土质自身的特性有关系，而与试验温度、加载速率及裂纹的开口深度没有关系。

5. 复合型断裂韧度测试原理

1）试样尺寸

室内重塑冻土的 I-II 复合型断裂韧度测试仍然采用偏直裂纹三点弯曲试样[154]，试样尺寸也为 $B\times H\times L=0.1\text{m}\times0.1\text{m}\times0.4\text{m}$，如图 3.8 所示。从图中可以看出，通过调节 l 的位置即可在裂纹面上得到不同的正应力和剪应力组合形式，即 K_{I} 和 K_{II}的不同组合，以满足 I-II 复合型断裂试验的要求达到测试目的。

2）复合型断裂韧度的计算

当满足 $a/H=0.4\sim0.6$、$L/H=4$ 时，可以采用边界配位法根据 $2l/L=0$，1/6，2/6，3/6情况计算裂纹尖端应力强度因子 K_{I} 和 K_{II}，并给出无量纲 $K_{\mathrm{I}}B(\sqrt{H})^3/M$ 和 $K_{\mathrm{II}}B(\sqrt{H})^3/M$ 的值，如表 3.14 所示。

表 3.14　无量纲 $K_{\mathrm{I}}B(\sqrt{H})^3/M$ 和 $K_{\mathrm{II}}B(\sqrt{H})^3/M$ 值

$2l/L$	0	1/6	2/6	3/6
$K_{\mathrm{I}}B(\sqrt{H})^3/M$	7.71	7.08	5.17	4.18
$K_{\mathrm{II}}B(\sqrt{H})^3/M$	0.00	0.52	0.70	0.68

6. 复合型断裂韧度测试结果

从图 3.21 中可以看出 I-II 复合型不同温度下 $K_{\mathrm{IIC}}/K_{\mathrm{IC}}$ 随加载速率 $\dot{P}$ 的变化规律，在三种温度下都是随着加载速率的增加而 $K_{\mathrm{IIC}}/K_{\mathrm{IC}}$ 值线性增大明显。

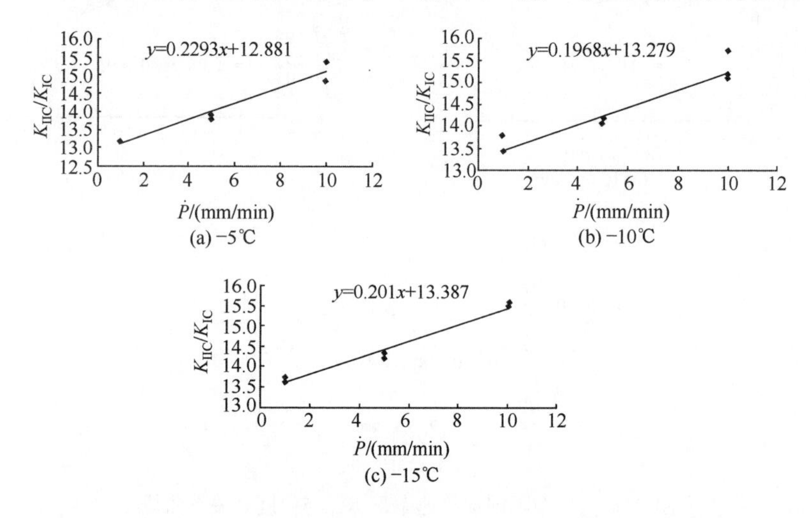

图 3.21　I-II 复合型不同温度下 $K_{\mathrm{IIC}}/K_{\mathrm{IC}}$ 与加载速率 $\dot{P}$ 关系曲线

从图 3.22 可以看出，在三种加载速率下冻土试样的断裂韧度值 $K_{\mathrm{IIC}}/K_{\mathrm{IC}}$ 都是呈二次曲线规律变化，且都是当加载速率为 5mm/min 时出现最大值。

从上面两图可以看出，复合型试样 I-II 断裂韧度的比值 $K_{\mathrm{IIC}}/K_{\mathrm{IC}}$ 在不同试验温度下，均随加载速率的增加而呈线性迅速增大。而其在不同的加载速率下均在 −10℃的时候出现了最大值，这也说明了该种土质在特定的试验条件下存在着韧-脆转变的特征。

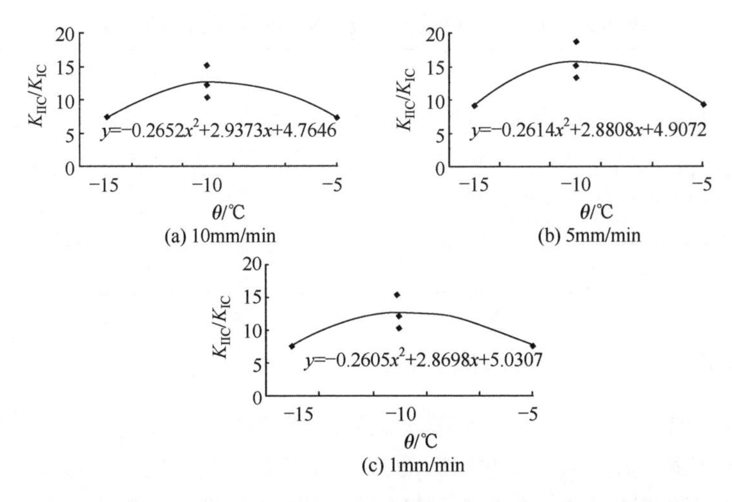

图 3.22　I-II 复合型在不同加载速率下 K_{IIC}/K_{IC} 与温度 θ 关系曲线

3.6　现场测试与室内测试结果比较

由于针对沈阳地区现场原状冻土的测试是在－5℃下进行的，因此，将该温度下室内重塑冻土的测试结果同现场原状冻土的测试结果进行比较，找出二者之间的关系，以便用室内扰动冻土的测试结果推算出现场未扰动原状冻土的断裂韧度值，这对工程的应用更有实际意义。

3.6.1　断裂韧度 K_{IC} 的比较

1. 预制直裂纹断裂韧度比较

将－5℃时的现场原状冻土 I 型直裂纹试样断裂韧度的测试数据同在相同条件下室内重塑冻土的 I 型直裂纹试样断裂韧度的测试数据进行比较，结果如表 3.15 所示。从中可以看到原状冻土的测试数据值要比重塑冻土的测试数据小，这是由于现场测试时原状冻土在冻结过程中存在着松弛的现象，故而测得的断裂韧度值要小一些，这是符合实际情况的。这里采用统计理论中线性回归的方法将二者所测试的断裂韧度 K_{IC} 值进行比较，得出原状冻土断裂韧度值同室内重塑冻土断裂韧度值之间符合式(3.8)所示的回归关系

$$\hat{K}'_{IC}=0.072K_{IC}+0.105 \tag{3.8}$$

式中，$\hat{K}'_{IC}$ 为通过回归方法计算得到的现场原状冻土 I 型直裂纹试样的断裂韧度值；K_{IC} 为室内重塑冻土 I 型直裂纹试样的断裂韧度值。

表 3.15 I 型直裂纹试样现场与室内断裂韧度值关系表

土样		1	2	3	4	5	6	7	8	均值
K_{IC}	现场结果	0.191	0.160	0.112	0.123	0.151	—	0.120	0.120	0.139
	室内结果	0.402	0.574	0.506	0.406	0.447	0.416	0.423	0.321	0.437
	计算结果	0.134	0.146	0.141	0.134	0.137	0.135	0.135	0.128	0.136
误差		29.8%	8.8%	25.9%	8.9%	9.3%	—	12.5%	6.7%	2.2%

2. 人字形裂纹断裂韧度比较

同样，将现场原状冻土人字形裂纹试样断裂韧度测试数据与室内重塑冻土测试数据进行比较，仍然采用线性回归的方法将二者所测试的断裂韧度 K_{IC} 值进行比较，得出该类型试样原状冻土断裂韧度值同室内重塑冻土断裂韧度值之间符合式(3.9)所示的回归关系，结果如表 3.16 所示。

$$\hat{K}'_{IC}=-0.022K_{IC}+0.118 \tag{3.9}$$

式中，$\hat{K}'_{IC}$为通过回归方法计算得到的现场原状冻土 I 型人字形裂纹试样的断裂韧度值；K_{IC}为室内重塑冻土 I 型人字形裂纹试样的断裂韧度值。

表 3.16 I 型人字形裂纹试样现场与室内断裂韧度值关系表

土样		1	2	3	4	5	6	7	8	均值
K_{IC}	现场结果	0.120	0.131	0.111	0.143	0.111	0.102	0.102	0.091	0.114
	室内结果	0.221	0.231	0.240	0.312	0.293	0.321	0.141	0.132	0.236
	计算结果	0.111	0.111	0.112	0.113	0.112	0.131	0.112	0.121	0.115
误差		7.5%	15.3%	0.9%	20.9%	0.9%	28.4%	9.8%	32.9%	0.9%

3.6.2 断裂韧度 K_{IIC}的比较

将现场原状冻土 II 型断裂韧度测试数据同室内重塑冻土 II 型断裂韧度测试数据进行比较，利用统计方法得出两者之间符合式(3.10)所示的回归关系，结果如表 3.17 所示。

$$\hat{K}'_{IIC}=-0.018K_{IIC}+0.082 \tag{3.10}$$

式中，$\hat{K}'_{IIC}$为通过回归方法计算得到的现场原状冻土 II 型直裂纹试样的断裂韧度值；K_{IIC}为室内重塑冻土 II 型直裂纹试样的断裂韧度值。

表 3.17　II型试样现场与室内断裂韧度值关系表

	土样	1	2	3	4	5	6	7	8	均值
K_{IIC}	现场结果	0.095	0.065	0.084	0.097	0.100	0.086	0.068	0.072	0.08
	室内结果	0.250	0.238	0.227	0.139	0.221	0.183	0.199	0.186	0.21
	计算结果	0.078	0.078	0.078	0.079	0.078	0.079	0.079	0.078	0.08
	误差	17.9%	20.0%	7.1%	18.6%	22.0%	8.1%	16.2%	8.3%	0

3.6.3　小结

从表 3.15～表 3.17 的结果可以明显看出，室内重塑冻土的测试数据要比现场原状冻土的测试数据大一些。这是因为现场试验所用的原状冻土在其较长时间的冻结过程中受到自身“松弛”现象的影响，而导致其强度降低。而室内重塑冻土则由于其冻结历时较短而不存在“松弛”现象，所以断裂韧度值较大，这是符合实际情况的。利用回归方法得到室内重塑冻土断裂韧度值同现场原状冻土断裂韧度值之间的统计关系，并将利用该统计关系函数计算得出的原状冻土计算值同现场实际测试值相比较，结果比较理想。这将对今后在实际问题中通过室内测试的结果来计算现场原状冻土的断裂韧度值具有重要的意义。

3.7　冻土非线性应变能释放率测试

金属材料以及混凝土、陶瓷和岩石等的断裂测试研究已经开展许多年了，并且建立了相应的标准方法，在这方面已有大量的文献[162,164～167]。近年来，对冻土断裂测试研究也取得很大进展[147,150]。从工程实际出发，材料非线性参数特性包括非线性断裂韧度和临界应变能释放率是更符合实际的，然而对材料非线性特征及重要参数的测试研究还比较少，特别是非线性断裂韧度数据是很缺乏的，对冻土材料更是如此。

本章对冻土非线性临界应变能释放率 $\tilde{G}_C$ 的测试原理和方法进行了研究，推导了相应的计算公式，给出有关参数确定方法；进行了直裂纹和人字形切口裂纹两种试样在三点弯曲下的试验研究并给出了试验结果。

3.7.1　冻土非线性断裂韧度(应变能释放率 $\tilde{G}_C$)的测试原理

冻土断裂破坏准则同传统强度理论的本质区别在于该理论是从断裂力学考虑材料裂纹尖端应力场的角度出发，利用材料的应力强度因子同断裂韧度之间的关系来判断其是否发生破坏的理论，因此，确定材料的应力强度因子和断裂韧度是应用该理论的基础。

其中,裂纹尖端的应力强度因子可以通过有限元或半解析有限元的方法计算得到,而冻土的断裂韧度则需要通过试验来确定。针对冻土的非线性特征,采用应变能释放率来表征其非线性断裂韧度是比较适合的。

1. 冻土非线性临界应变能释放率 $\widetilde{G}_C$ 计算表达式

最和 Liebowitz 等提出一种方法来确定材料在弹塑性状态下的断裂韧度。实际的结构材料,在裂纹失稳扩展前,由于裂纹尖端产生塑性区,有非线性变形和亚临界裂纹扩展。这种非线性变形与亚临界扩展,使材料在断裂前吸收更多的能量。Liebowitz 等提出的方法,是想从试验得出的荷载-位移的非线性曲线,求出材料抵抗裂纹扩展的非线性断裂韧度 $\widetilde{G}_C$,以及用试验方法估计裂纹失稳前亚临界裂纹扩展的影响。

考虑一个试样具有单边直通裂纹承受三点弯曲加载,如图 3.23 所示。试样厚度为 B,裂纹长度为 a,外加力为 P。根据能量平衡的原理(忽略能量损失即认为裂纹在扩展时无热量损失),则每一时刻应该有[168]

$$\frac{\partial W}{\partial A}-\left(\frac{\partial U_e}{\partial A}+\frac{\partial U_p}{\partial A}\right)=\frac{\partial \Gamma}{\partial A} \tag{3.11}$$

式中,W 为外力做功;U_e 为贮存在试样内的弹性应变能;U_p 为塑性应变能;Γ 为裂纹扩展需要消耗的能量;A 为裂纹面积($A=Ba$)。

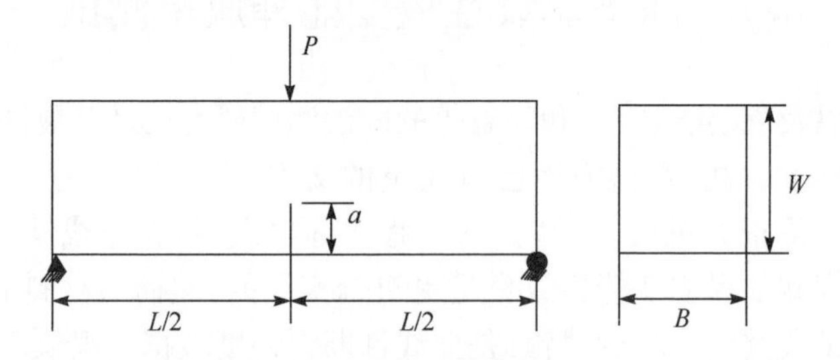

图 3.23 单边直裂纹三点弯曲加载试样

对于冻土,当其在温度较低,加载速率较快且自身组成颗粒较粗大时,结构断裂呈现脆性破坏且裂纹尖端塑性区极小,断裂前的亚临界裂纹扩展不明显,满足小范围的屈服条件,这时塑性应变能相对弹性应交能为极小量,可以忽略掉。在临界情况下,式(3.11)可表达为

$$\left(\frac{\partial W}{\partial A}-\frac{\partial U_e}{\partial A}\right)_{\text{crit}}=\frac{\partial \Gamma}{\partial A}=G_C \tag{3.12}$$

式中,G_C为脆性材料的断裂韧度,对于三点弯曲且裂纹位于中心的试样,断裂形式属于 I 型断裂,则 G_C即为 G_{IC},若断裂形式属于 II 型断裂(四点弯曲或试样处于纯剪切状态),则 G_C即为 G_{IIC},同样,若断裂形式属于 I-II 型混合型 (mix-mode)断裂

（三点弯曲且裂纹偏离试样中心位置）则 G_C 即为 G_{MLXC}。

然而在更一般的情况下，冻土呈非线性的弹塑性甚至是黏塑性状态，其破坏形式为非线性的弹塑性破坏，裂纹尖端塑性区较大，断裂前亚临界裂纹扩展比较明显，这时塑性应变能就不能再忽略，这样在临界状态下，式(3.11)可表达为

$$\left(\frac{\partial W}{\partial A}-\frac{\partial U_e}{\partial A}-\frac{\partial U_p}{\partial A}\right)_{crit}=\frac{\partial \Gamma}{\partial A}=\widetilde{G}_C \tag{3.13}$$

式中，$\widetilde{G}_C$ 为临界应变能释放率，同样也有 $\widetilde{G}_{IC}$ 和 $\widetilde{G}_{IIC}$ 等情况。

在加载过程中，可以作出荷载 P 和加力点位移 μ 曲线，即 P-μ 曲线，如图3.24所示，由于裂纹失稳扩展前，裂纹尖端形成塑性区，以及亚临界裂纹的扩展，使试验记录的荷载-位移曲线为非线性的，可用三个参数描写这条曲线，即为

$$\mu=\frac{P}{M}+k\left(\frac{P}{M}\right)^n \tag{3.14}$$

式中，M 是 P-μ 曲线初始直线段的斜率，是裂纹长度 a 的函数，即 $M=\tan\theta(a_0)$；n,k 是材料的两个参数，由试验测定，且 $k\geqslant 0, n\geqslant 1$。

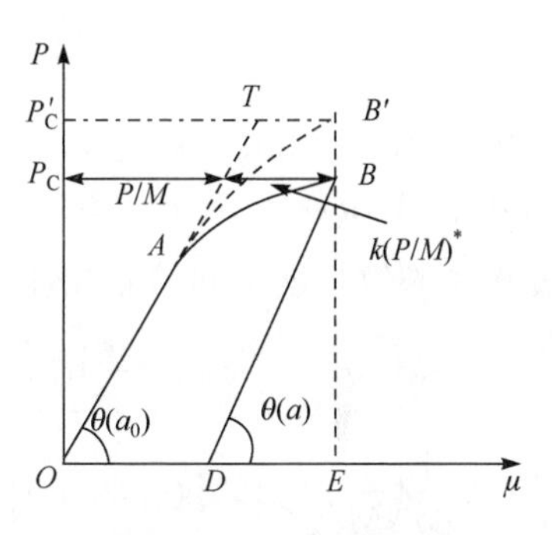

图3.24　P-μ 曲线

在加载过程中，荷载增加，相应的加力点位移也增加，若荷载为 P，相应的位移为 μ，于是外力做功为 $P\mu$，而贮存在试样内的应变能（包括弹性和塑性部分）为外力功减去余功，则有

$$U=P\mu-\int_0^P \mu \mathrm{d}P \tag{3.15}$$

式中右边第二项即为余功。将式(3.14)代入式(3.15)，积分后得

$$U=\frac{P^2}{2M}+\frac{nk}{n+1}P^{n+1}\left(\frac{1}{M}\right)^n \tag{3.16}$$

考虑当荷载 P 接近临界值 P_C 时，荷载和加力点均有微量变化，此时外力功近似为零，即 $\frac{\partial W}{\partial A}=0$。

对式(3.16)求导后代入式(3.13)，则有

$$\frac{\partial U}{B\partial a}=\frac{\partial}{B\partial a}(-U_e-U_P)_{crit}=\frac{1}{B}\left[1+\frac{2nk}{n+1}\left(\frac{P_C}{M_0}\right)^{n-1}\right]\times\frac{1}{2}P_C^2\frac{\mathrm{d}}{\mathrm{d}a}\left(\frac{1}{M}\right)_{a_0} \tag{3.17}$$

于是有

$$\widetilde{G}_C=\frac{1}{B}\left[1+\frac{2nk}{n+1}\left(\frac{P_C}{M_0}\right)^{n-1}\right]\times\frac{1}{2}P_C^2\frac{\mathrm{d}}{\mathrm{d}a}\left(\frac{1}{M}\right)_{a_0} \tag{3.18}$$

式中，$1/M$ 是试样的柔度，是裂纹长度的函数。当对应不同裂纹长的柔度求得后，

便可做出柔度曲线，于是$\frac{\mathrm{d}}{\mathrm{d}a}\left(\frac{1}{M}\right)_{a_0}$便可求得。

2. 参数确定

式(3.17)和式(3.18)仅考虑了由于塑性变形而引起的非线性断裂应变能$\widetilde{G}_C$。除此之外，裂纹扩展也对非线性有重要影响，因此当同时考虑塑性变形和裂纹扩展的影响时，则需对P_C值进行修正，修正后的临界力为P'_C，则有

$$P'_C=\frac{M(a_0)}{M(a)}P_C \tag{3.19}$$

式中，$M(a_0)=\tan\theta_0$，就是P-μ曲线初始值直线的斜率；$M(a)$为从P点的卸载线的斜率，$M(a)=\tan\theta(a)$(图3.24)。将式(3.18)的P_C用P'_C代替，则同时考虑塑性变形和裂纹扩展引起的非线性临界应变能释放率$\widetilde{G}_C^*$为

$$\widetilde{G}_C^*=\frac{1}{B}\left[1+\frac{2nk}{n+1}\left(\frac{P_C}{M_0}\right)^{n-1}\right]\times\frac{1}{2}p_C^2\frac{\mathrm{d}}{\mathrm{d}a}\left(\frac{1}{M}\right)_{a_0} \tag{3.20}$$

式中，$\frac{\mathrm{d}}{\mathrm{d}a}\left(\frac{1}{M}\right)_{a}$为裂纹长为$a$时的柔度值，求法与$\frac{\mathrm{d}}{\mathrm{d}a}\left(\frac{1}{M}\right)_{a_0}$相同。

3. 参数n、k及$\frac{\mathrm{d}}{\mathrm{d}a}\left(\frac{1}{M}\right)$的确定

改写式(3.14)为

$$\mu-\frac{P}{M_0}=k\left(\frac{P}{M_0}\right)^n \tag{3.21}$$

对式(3.21)两边取对数有

$$\ln\left(\mu-\frac{P}{M_0}\right)=\ln k+n\ln\left(\frac{P}{M_0}\right) \tag{3.22}$$

根据式(3.22)可在P-μ曲线上取3～5个点，确定相应的P_i和μ_i值，代入式(3.22)，用统计法可求出n、k。

参数$\frac{\mathrm{d}}{\mathrm{d}a}\left(\frac{1}{M}\right)$需根据柔度曲线确定。传统的方法是多试样标定法，在本书则采用单试样重复卸载的近似方法，即根据卸载曲线分别求出其柔度$1/M_i(=\lambda_i)$和相应的裂纹长度a_i，则可作出λ_i-a_i曲线，因此当裂纹长度a已知时，便可从λ_i-a_i曲线上求对a点的斜率即为$\frac{\mathrm{d}}{\mathrm{d}a}\left(\frac{1}{M}\right)$。

3.7.2 冻土非线性断裂韧度测试结果

1. 冻土试样的尺寸与形式

冻土试样是取自现场未扰动冻土，I型试样其形式分别采用单边直通裂纹试

样和人字形切口试样，三点弯曲加载如图 3.5 和图 3.6 所示[169]。II 型冻土试样采用四点弯曲加载形式，保证裂纹切口附近受力形式为剪切形式，如图 3.7 所示。I-II 复合型的加载方式仍然采用三点弯曲形式，但其预制裂纹是偏直裂纹，与试样中心有一定距离，这样的受力形式为 I 型与 II 型组合的受力形式，如图 3.8 所示。这几种试样尺寸分别为 $B\times H\times L=0.1\text{m}\times0.1\text{m}\times0.4\text{m}$、$B\times H\times L=0.1\text{m}\times0.07\text{m}\times0.4\text{m}$、$B\times H\times L=0.1\text{m}\times0.1\text{m}\times0.4\text{mm}$ 及 $B\times H\times L=0.1\text{m}\times0.07\text{m}\times0.4\text{m}$ 四种类型。单边裂纹试样在初始裂纹 a_0 的基础上需预制尖裂纹，人字形切口试样不预制尖裂纹。

2. 试验结果

取未扰动冻土，土质为低液限黏土，其土壤颗粒成分及物性指标如表 3.8 所示。控制环境条件为含水量为 17.1%，试验温度为 −4.4℃，试验结果如下。

1）I 型断裂试样试验结果

（1）P-μ 曲线及相应参数。两种试样典型的 P-μ 曲线分别如图 3.25 和图 3.26 所示，根据图 3.25 和图 3.26 确定参数 n、k 及柔度参数列于表 3.18。

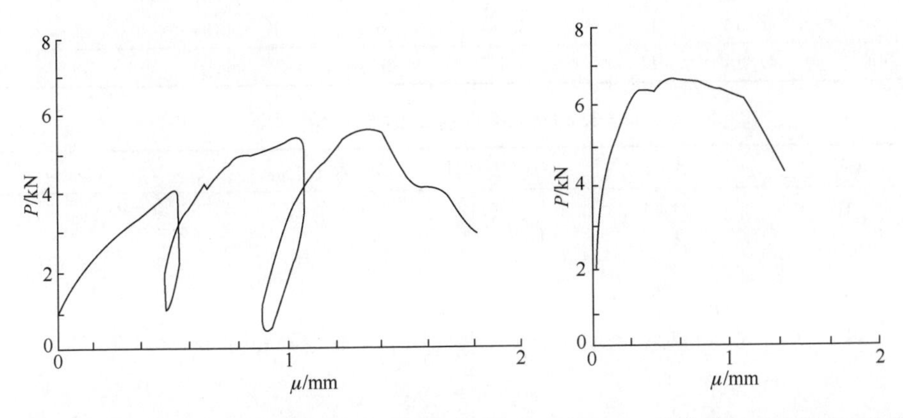

图 3.25　直裂纹试样 P-μ 曲线　　图 3.26　人字形切口试样 P-μ 曲线

表 3.18　参数 n、k 及 $\frac{\mathrm{d}}{\mathrm{d}a}\left(\frac{1}{M}\right)$

参数	单边裂纹试样			人字形切口试样	
n	4.278			3.848	
k	6.749			2.870	
$\frac{\mathrm{d}}{\mathrm{d}a}\left(\frac{1}{M}\right)$	a=4.15cm	a=4.25cm	a=4.30cm	a=1.00cm	a=2.00cm
	0.009	0.013	0.017	0.003	0.007

(2) 两种试样的 $\widetilde{G}_C$($\widetilde{G}_C^*$)测试结果：单边裂纹试样的 $\widetilde{G}_C$ 和 $\widetilde{G}_C^*$ 测试结果列在表3.19，在计算 $\widetilde{G}_C$ 和 $\widetilde{G}_C^*$ 时初始裂纹取 $a=4.15$。表中还列出了线弹性情况下临界应变能释放率，若令式(3.18)中的 $k=1$，$n=0$，便可计算 $\widetilde{G}_C$ 值。以同样的方法计算人字形切口试样的 $\widetilde{G}_C$ 和 $\widetilde{G}_C^*$ 值，结果列在表3.20中。对人字形切口试样，不考虑裂纹扩展的问题，因此不计算 $\widetilde{G}_C^*$ 值。

表 3.19　单边裂纹试样的 $\widetilde{G}_C$ 和 $\widetilde{G}_C^*$ 值

编号	a/cm	B/cm	P_C/kN	$\widetilde{G}$/(N/m)	$\widetilde{G}_C$/(N/m)	$\widetilde{G}_C^*$/(N/m)
1	4.26	11.80	3.22	395	474	764
2	4.28	11.40	3.81	430	495	798
3	4.25	11.60	3.47	363	435	674
4	4.25	11.80	3.25	334	401	620
5	4.30	11.60	3.33	336	403	624
6	4.33	11.80	4.18	518	596	962
7	4.33	11.30	3.24	418	481	789
8	4.25	12.80	3.24	369	443	697
均值	4.28	11.80	3.47	395	466	741

表 3.20　人字形切口试样 $\widetilde{G}_C$ 值

编号	B/cm	P_C/kN	$\widetilde{G}$/(N/m)	$\widetilde{G}_C$/(N/m)
1	11.60	6.18	493	801
2	12.50	6.24	467	766
3	10.90	5.54	422	617
4	10.60	4.58	445	563
5	11.00	3.35	408	451
6	11.00	6.04	497	788
7	10.30	6.23	565	926
8	11.00	6.30	541	898
9	10.30	5.60	457	673
均值	11.00	5.60	477	720

从表3.19可以看出，$\widetilde{G}_C^*>\widetilde{G}_C>G_C$，说明线弹性断裂需要消耗的应变能最低，而同时考虑裂纹尖端塑性变形和裂纹亚临界扩展，则需要消耗的能量最大，这是符合实际的。比较表3.19和表3.20，人字形切口试样的 G_C 值大于单边裂纹试样，说明测试线弹性断裂韧度值必须制备尖裂纹试样；尖裂纹试样的 $\widetilde{G}_C^*$ 与人字形切

口试样的 $\widetilde{G}_C$ 值比较接近，进一步说明，测试线弹性断裂韧度（包括应变能释放率）必须用尖裂纹试样，而测试非线性断裂韧度，裂纹尖度对试验结果影响不大。

2）II 型断裂试样试验结果

II 型试样典型的 P-μ 曲线如图 3.27 所示，根据曲线确定参数 k、n 及柔度参数列于表 3.21 中。

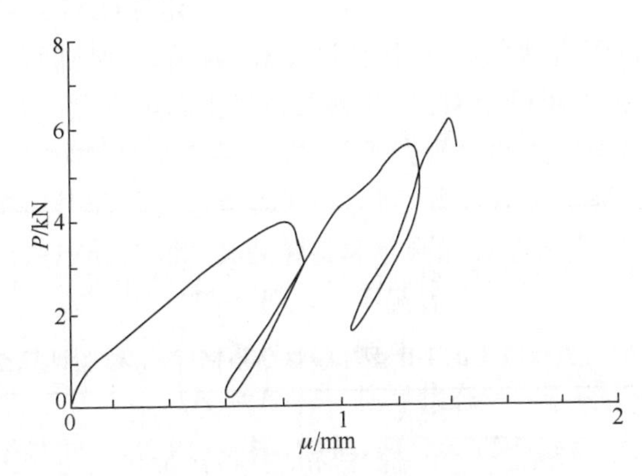

图 3.27　直裂纹试样 P-μ 曲线

表 3.21　II 型试样参数 n、k 及 $\frac{d}{da}\left(\frac{1}{M}\right)$

参数	II 型裂纹试样		
n		3.436	
k		5.346	
$\frac{d}{da}\left(\frac{1}{M}\right)$	a=4.15cm	a=4.25cm	a=4.30cm
	0.008	0.011	0.015

II 型裂纹试样的非线性断裂韧度 $\widetilde{G}_C$ 测试结果列在表 3.22。

表 3.22　原状冻土的 II 型非线性断裂韧度 $\widetilde{G}_C$ 试验计算结果

编号	裂纹长度	试样尺寸			临界荷载	剪切力	非线性断裂韧度
	a/cm	L/cm	W/cm	B/cm	P_C/kN	Q/kN	$\widetilde{G}_C$/(N/m)
1	4.32	39.90	9.70	11.2	8.33	2.78	57
2	4.17	42.40	10.40	9.8	6.11	2.04	25
3	4.02	39.30	11.10	9.6	9.47	3.16	42
4	4.69	41.30	10.40	10.8	8.27	2.76	58
5	4.11	39.50	9.90	10.2	9.07	3.02	61
6	4.26	41.00	10.20	10.5	8.07	2.69	53

3）I-II 复合型断裂试样试验结果

I-II 复合型断裂试样参数 n、k 及柔度参数列于表 3.23 中。

表 3.23 I-II 复合型试样参数 n、k 及 $\frac{d}{da}\left(\frac{1}{M}\right)$

参数	I-II 复合型裂纹试样		
n	2.336		
k	3.324		
$\frac{d}{da}\left(\frac{1}{M}\right)$	a=4.15cm	a=4.25cm	a=4.30cm
	0.012	0.015	0.019

I-II 型裂纹试样的非线性断裂韧度 $\widetilde{G}_C$ 测试结果列于表 3.24。

表 3.24 原状冻土的 I-II 型非线性断裂韧度 $\widetilde{G}_C$ 试验计算结果

编号	裂纹长度	试样尺寸			临界荷载	剪切力	非线性断裂韧度
	a/cm	L/cm	W/cm	B/cm	P_C/kN	Q/kN	$\widetilde{G}_C$/(N/m)
1	4.52	39.90	9.70	11.2	9.43	3.18	627
2	4.27	42.40	10.40	9.8	6.81	2.54	447
3	4.02	39.30	11.10	9.6	9.67	3.86	450
4	4.39	41.30	10.40	10.8	9.17	3.76	617
5	4.21	39.50	9.90	10.2	9.57	3.92	651
6	4.56	41.00	10.20	10.5	9.47	3.59	583
7	4.44	40.80	11.00	10.1	5.83	2.38	341
8	4.25	41.60	10.60	10.3	4.77	2.36	357

3.8 冻土非线性断裂韧度 $\widetilde{J}_{IC}$ 及 $\widetilde{J}_{IIC}$ 试验

本章在冻土线弹性断裂破坏试验测试的基础上，分别进行了原状冻土非线性断裂韧度的测试工作和室内重塑冻土非线性断裂韧度的测试工作，首先针对沈阳地区具有代表性的原状冻土，采用了第 2 章提出的非线性断裂破坏力学模型，进行了相应的非线性断裂韧度的测试，利用数据采集系统分别测出了原状冻土 I 型、II 型裂纹试样的加力点位移与力的加卸载关系曲线以及相应的非线性参数，推导出非线性断裂韧度的修正因子公式，计算出当试样达到承载极限状况时 I 型、II 型裂纹试样断裂韧度，然后又对室内重塑冻土也进行了相应的 I 型、II 型裂纹试样断裂韧度测试，最后将所得结果同岩石断裂力学中的塑性修正因子方法的计算结果进行了对比,二者基本是一致的,说明该方法可以用来计算原状冻土非线性韧度,从而为原状冻土非线性断裂力学理论的研究奠定良好的基础,使之能更好地解决实际工程问题。

3.8.1　冻土非线性断裂韧度测试原理

研究表明,用试验方法来确定冻土材料的断裂韧度时,由于微裂纹的扩展,断裂时裂纹长度并不等于切口深度。由于微裂纹区的存在,使得荷载-位移曲线产生非线性,而只有在特殊条件下(如低温、高速率加载以及粗颗粒),冻土破坏特征才呈线性变化,此时线弹性断裂力学理论才适用,因此,为了进一步研究冻土的断裂韧度,必须合理充分地考虑非线性因素的影响。

1. 基于修正因子的非线性断裂韧度的测试

修正因子法确定非线性断裂韧度可表达为[169]

$$\widetilde{J}_{iC}=\sqrt{\frac{1+0.5q}{1-0.5q}}J_{iC} \tag{3.23}$$

式中,$\widetilde{J}_{iC}$为 I、II 型断裂非线性断裂韧度(i 分别代表 I 和 II,下同);q 为非线性修正因子;J_{iC}为 I、II 型断裂的表观断裂韧度,即未考虑非线性影响的断裂韧度。下面分别说明 $\widetilde{J}_{IC}$及 $\widetilde{J}_{IIC}$的确定方法。

众所周知,在线弹性情况下,J 积分值与断裂韧度 K_{iC}有下列关系:

$$J_{iC}=\frac{1-\nu^2}{E}K_{iC}^2 \tag{3.24}$$

于是有

$$J_{IC}=\frac{1-\nu^2}{E}K_{IC}^2 \tag{3.25}$$

$$J_{IIC}=\frac{1-\nu^2}{E}K_{IIC}^2 \tag{3.26}$$

由于冻土材料的特殊性,采用单试样及多试样法直接测试 J_C值均有较大困难,目前还无法实现,因此采用间接方法来获得 J_C值,即根据式(3.25)和式(3.26)可以很好的测试 K_{IC}及 K_{IIC},然后用式(3.25)和式(3.26)来推算 J_{IC}和 J_{IIC}。当求得 J_{IC}和 J_{IIC}后,便可用式(3.23)求得非线性断裂韧度 $\widetilde{J}_{iC}$值。因此,首先用试验测试 K_{IC}及 K_{IIC},下面接着讨论如何确定 K_{IC}及 K_{IIC}这两个指标。

1) 表观断裂韧度 K_{IC}测定

试验测定 K_{IC}时,首先需要知道 K_I的标定式。所谓标定式就是根据不同试样形式推导出的 K_I的计算公式,当把试验测得的临界荷载 P_C 代入该式后,即可得到 K_{IC}值。采用三点弯曲试样进行试验,用 S 代表试样跨距,当试样尺寸满足

$S/W=8$或 $S/W=4$ 的标准试样时 K_{I}的表达式为

$$K_{\mathrm{I}}=f\left(\frac{a}{W}\right)\frac{6Ma^{\frac{1}{2}}}{BW^2} \tag{3.27}$$

$$f\left(\frac{a}{W}\right)=A_0+A_1\left(\frac{a}{W}\right)+A_2\left(\frac{a}{W}\right)^2+A_3\left(\frac{a}{W}\right)^3+A_4\left(\frac{a}{W}\right)^4 \tag{3.28}$$

式中，M 为由荷载计算得到的裂纹面处的弯矩，kN · m；a 为裂纹长度，m；B 为试样宽度，m；W 为试样高度，m；K_{I}为标定值，当将临界荷载 P_{C}代入该式时，K_{I}为 K_{IC}，MPa · $\mathrm{m}^{1/2}$；系数 $A_i(i=0,1,2,3,4)$的取值见表 3.25。

表 3.25　三点弯曲试样标定式系数取值

试样型式	A_0	A_1	A_2	A_3	A_4
$S/W=8$	1.96	−2.75	13.66	−23.98	25.22
$S/W=4$	1.93	−3.07	14.53	−25.11	25.80

对于非标准试样，当 0.4≤S/W≤0.6 时，可采用如下的标定式

$$K_{\mathrm{I}}=f_{\mathrm{I}}\left(\frac{a}{W}\right)\frac{PS}{4BW^{\frac{3}{2}}} \tag{3.29}$$

$$f_i\left(\frac{a}{W}\right)=\left[7.31+0.21\sqrt{\frac{S}{W}-2.9}\right]\sec\sqrt{\tan\left(\frac{\pi a}{2W}\right)} \tag{3.30}$$

在试验中还应该注意的是确定条件荷载 P_{q}，如果 P_{q}满足有效性判定则可用于计算 K_{IC}。本试验采用非标准的三点弯曲试样，因此，K_{q}的表达式可写为

$$K_{\mathrm{q}}=\frac{P_{\mathrm{q}}S}{4BW^{3/2}}f_{\mathrm{I}}\left(\frac{a}{W}\right) \tag{3.31}$$

从式(3.32)中可以看出，P_{q}对 K_{q}的影响巨大，因此，如何确定 P_{q}非常重要。对混凝土、岩石及冰，在一般情况下可直接取 $P_{\mathrm{q}}=P_{\max}$，而对冻土来说，则不是那么简单。从已做过的试验结果来看，冻土在一般情况下有一定的塑性变形后才达到 $P_{\max}$值。如果用 $P_{\max}$计算，则 K_{IC}值将明显偏大。因此，建议根据 P-V 曲线的不同类型采用不同的方法。

根据试验结果 P-V 曲线可归结为两种类型。对 I 类 P-V 曲线，试样破坏前没有明显塑性变形，则取 $P_{\mathrm{q}}=P_{\max}$；对 II 类 P-V 曲线，荷载达到 $P_{\max}$前有较大塑性变形，显然不能采用 $P_{\mathrm{q}}=P_{\max}$。参照金属断裂韧性试验方法，可采用以下方法确定，如图 3.28 所示。

沿 P-V 曲线线性段画直线 OA；将 OA 线段的斜率降低 5%，以此画出直线 OB；直线 OB 与 P-V 曲线的交点即为条件荷载 P_{q}。

三点弯曲试验结果是否满足线弹性条件，须对由 P_{q}计算得出的 K_{q}值进行有效性判别，只有满足以下条件，K_{q}才有效。

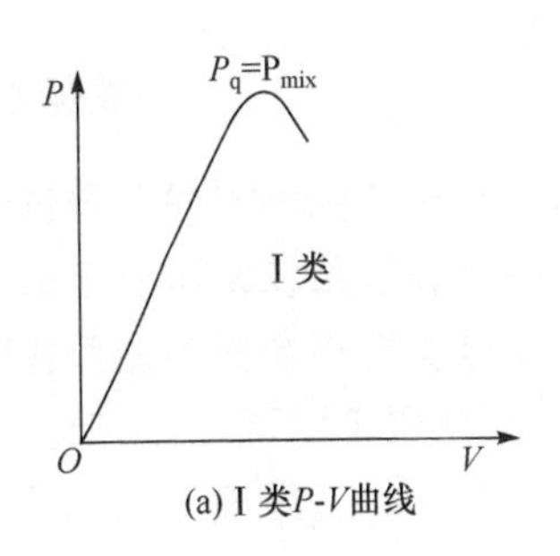

(a) I 类P-V曲线

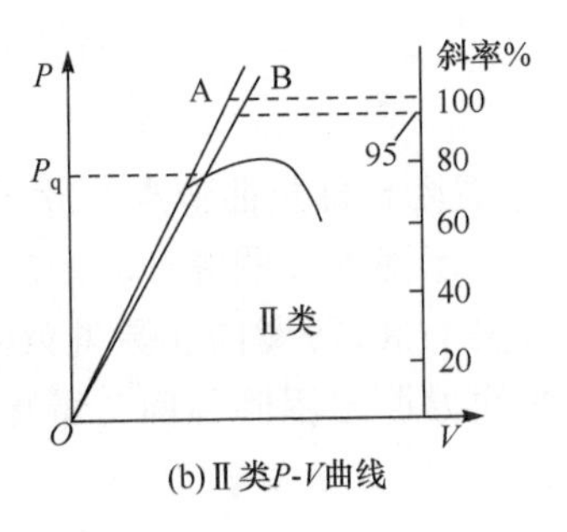

(b) II 类P-V曲线

图 3.28　条件荷载值的确定

$$P_{\max}/P_q \leqslant 1.1 \tag{3.32}$$

$$B \geqslant \frac{(1-2\nu)^2}{0.04\pi}\left(\frac{K_{IC}}{\sigma_f}\right)^2 \tag{3.33}$$

即 $P_q = K_{IC}$，否则应加大试样尺寸重新试验，直到满足条件为止。式(3.32)的物理意义为裂纹扩展的值需要足够小，而式(3.33)则意味着试样应满足平面应变条件。

2）表观断裂韧度 K_{IIC} 测定

K_{IIC} 试验采用非对称四点弯曲试样，其目的是为了获得一种在裂纹面上正应力为零、而剪应力不为零的应力状态，从而使在裂纹面上 $K_I = 0$，$K_{II} \neq 0$，达到测试 K_{IIC} 的目的。

由四点弯曲试样可知，在裂纹面的剪切力 $Q = \dfrac{L_2 - L_1}{L_2 + L_1} P$，因此剪应力可求

$$\tau = \frac{Q}{BW} = \frac{P}{BW}\frac{L_2 - L_1}{L_2 + L_1} \tag{3.34}$$

相应的应力强度因子为

$$K_{II} = \frac{Q}{B\sqrt{W}}\left[1.44 - 5.08\left(\frac{a}{W} - 0.507\right)^2\right]\sec\left(\frac{\pi a}{2W}\right)\sin\left(\frac{\pi a}{2W}\right) \tag{3.35}$$

当 Q 达到临界值，也就是荷载 P 达到最大值 $P_{\max}$ 时，K_{II} 即为 K_{IIC}，

$$K_{IIC} = \frac{P_{\max}}{B\sqrt{W}}\left[1.44 - 5.08\left(\frac{a}{W} - 0.507\right)^2\right]\sec\left(\frac{\pi a}{2W}\right)\sin\left(\frac{\pi a}{2W}\right) \tag{3.36}$$

其中，$0.4 \leqslant a/W \leqslant 0.75$，裂纹长度由着色渗透法确定。

2. 非线性修正因子的确定

1）I 型非线性修正因子 q 的确定

I 型修正因子 q 可从 P-μ 曲线上求得，即在加载时同时测定力 P 与裂纹嘴张开位移 Δ，从而获得 P-μ 曲线(图 3.29)，它反映了试样的非线性。

由图 3.29 可知，图中 OA 曲线是考虑非线性影响的曲线，而 OA' 为未考虑非

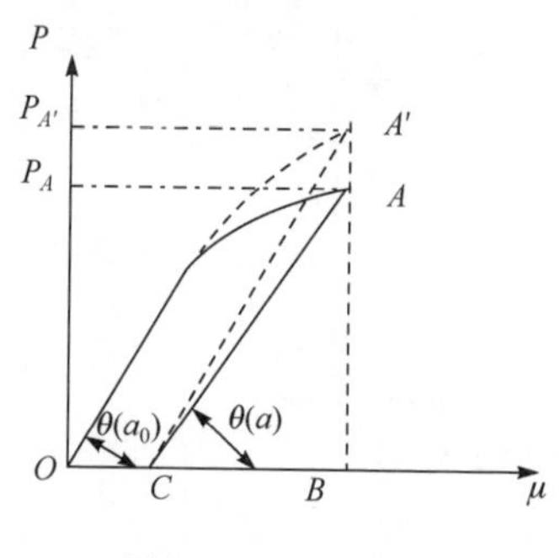

图 3.29　P-μ 曲线

线性影响的曲线，CA 为荷载加到 P_{A} 时的卸载曲线，斜率为 $M(a)$，而 P-μ 曲线的初始斜率为 $M(a_0)$，由△$CA'B$ 与△CAB 的相似关系可得

$$P_{\mathrm{A}}=\frac{M(a)}{M(a_0)}P_{\mathrm{A'}} \tag{3.37}$$

则定义 I 型非线性断裂修正因子 q 为

$$q=\frac{M(a)}{M(a_0)} \tag{3.38}$$

2）II 型非线性修正因子 q 的确定

同样，II 型非线性修正因子 q 可从 P-μ 曲线上求得，即在加载时同时测定剪力 Q 与裂纹嘴滑开位移 μ，从而获得 Q-μ 曲线（图 3.30），它与 P-μ 曲线一样反映了非线性的信息。

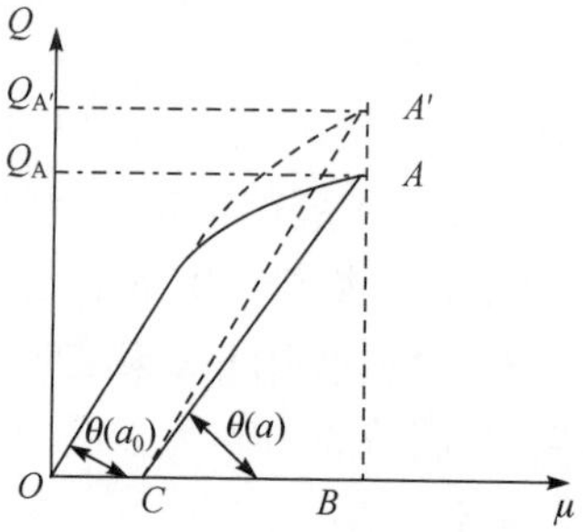

从图 3.30 可见，图中 OA 曲线是考虑非线性影响的曲线，而 OA' 为未考虑非线性影响的曲线，CA 为荷载加到 P_{A} 时的卸载曲线，斜率为 $M(a)$，而 Q-μ 曲线的初始斜率为 $M(a_0)$，由△$CA'B$ 与△CAB 的相似关系可得

$$Q_{\mathrm{A}}=\frac{M(a)}{M(a_0)}Q_{\mathrm{A'}} \tag{3.39}$$

图 3.30　Q-μ 曲线

则 V 定义修正因子 q 为

$$q=\frac{M(a)}{M(a_0)} \tag{3.40}$$

3.8.2　试样制作及试验装置

土质及试样制备、试样初始裂纹的制作及测量、试验装置及原状冻土冻结历史与本章前述内容相同。

3.8.3　原状冻土非线性断裂韧度试验结果

1. I 型断裂破坏试样非线性断裂韧度试验结果

取未扰动冻土，土质为低液限黏土，土壤颗粒成分及物性指标如表 3.8。控制环境条件为含水量 17.1％，试验温度为－4.4℃。在裂纹口处安置夹式引伸计来测量裂纹嘴张开位移量，在相同的加载速率下进行试验，利用动态采集系统采集数据，得到如图 3.31 所示的 I 型加卸载 P-μ 曲线。冻土温度为－4.4℃，其弹性模量 E＝500MPa，泊松比 v＝0.3，得到的试验结果如表 3.26 所示。

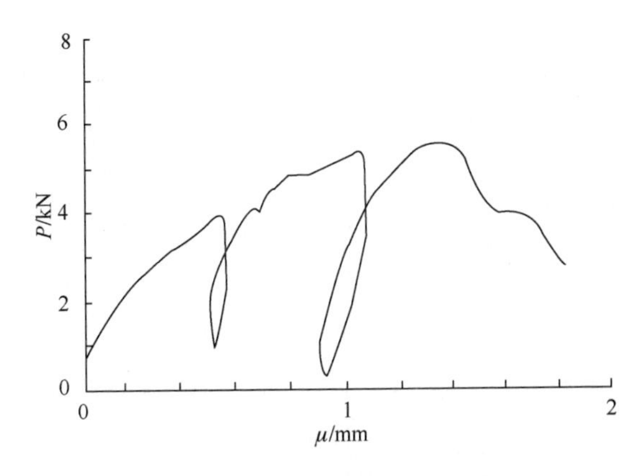

图 3.31 I 型加卸载 P-μ 曲线

表 3.26 原状冻土 I 型非线性断裂韧度 $\widetilde{J}_{iC}$ 试验计算结果

编号	裂纹长度 a/cm	临界荷载 P_C/kN	表观应力强度因子 K_{IC}/(MPa · $m^{1/2}$)	修正因子 q	非线性断裂韧度 $\widetilde{J}_{iC}$/(kN/m)
1	4.16	4.33	0.49	0.79	651
2	4.86	6.11	0.55	0.60	752
3	5.20	5.47	0.54	0.86	838
4	4.32	5.27	0.47	0.56	530
5	4.23	5.07	0.43	0.82	516
6	4.26	6.07	0.56	0.79	845
7	4.12	5.33	0.53	0.93	839
8	4.45	4.67	0.52	0.89	795

2. II 型断裂破坏试样非线性断裂韧度试验结果

试样在相同的加载速率、天然含水率和温度变化规律(与该种土质在实际相同深度处的冻土温度变化规律相同)下,可以得到如图 3.32 所示的 P-μ 曲线图,从图 3.32 中可以清楚地看出:荷载在达到 P_{max} 破坏之前有明显的塑性变形,说明此种冻土具有明显的弹塑性属性。

当冻深为 110cm 时,取距表层土 60cm 深的冻土体,制备 II 型裂纹试样,控制试验温度为−3.1℃,含水量为 17%,相应于土体从冻结开始到 2005 年 1 月 20 日的冻结历史。对冻土温度为−3.1℃,取其弹性模量 E=500MPa,泊松比 v=0.3,按修正因子法计算方法,对上述试样同时作出了 P-μ 曲线,并用修正因子法计算出非线性断裂韧度,结果列于表 3.27 中。

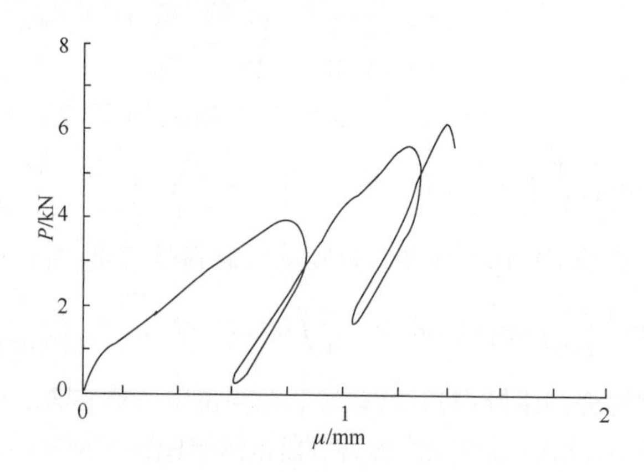

图 3.32　II 型加卸载 P-μ 曲线图

表 3.27　原状冻土 II 型非线性断裂韧度 $\widetilde{J}_{IIC}$ 试验结果

编号	裂纹长度 a/cm	临界荷载 P_C/kN	等效剪力 Q/kN	表观应力强度因子 K_{IC}/(MPa·m$^{1/2}$)	修正因子 q	非线性断裂韧度 $\widetilde{J}_{IIC}$/(N/m)
1	4.32	8.33	2.78	0.095	0.890	43
2	4.17	6.11	2.04	0.065	0.860	19
3	4.02	9.47	3.16	0.084	0.896	35
4	4.69	8.27	2.76	0.097	0.928	50
5	4.11	9.07	3.02	0.100	0.936	51
6	4.26	8.07	2.69	0.086	0.849	46

3.8.4　两种方法试验结果的比较分析

在本章中用非线性应变能释放率测试方法获得了 I 型裂纹(单边裂纹三点弯曲试样)的测试结果,如表 3.19 所示。用同样的土质与在相同的环境条件下,采用修正因子法测试非线性韧度 $\widetilde{J}_{IC}$及 $\widetilde{J}_{IIC}$,二者的结果应该是一致的。将表 3.19 中的值和表 3.26 中 $\widetilde{J}_{IC}$值列在表 3.28 中,从表中结果可以看出,除一个最大误差达到 24%之外,其余均在 15%左右。由于 $\widetilde{J}_{IC}$是经过一次换算和一次修正计算,可能引起一定的误差,对于冻土这种特殊的敏感材料,这个结果是可以接受的。

表 3.28　修正因子法 $\widetilde{J}_{IC}$与能量释放率 $\widetilde{G}_C^*$ 测试结果对比

编号	$\widetilde{J}_{IC}$/(N/m)	实测 $\widetilde{G}_C^*$/(N/m)	误差
1	651	764	15%
2	752	798	6%
3	838	674	24%

续表

编号	$\widetilde{J}_{IC}$/(N/m)	实测 $\widetilde{G}_C^*$/(N/m)	误差
4	530	620	15%
5	516	624	17%
6	845	962	12%
7	839	789	6%
8	795	697	14%

3.9 小　　结

(1) 本章首次对现场原状冻土进行了断裂韧度的测试。针对原状冻土没有被扰动、土体内在微细观结构没有发生变化的特点,给出了试样加工与制备,初始裂纹的预制及测量的现场试验操作方法;通过对当地冻胀量的观测,给出了不同冻深的冻胀量、冻深与冻结时间的关系,以此来控制试样制作及试验的温度;改造了更为适合于现场测试的试验装置,从而提出了适合原状冻土现场测试的新方法。在此基础上,分别对大连、沈阳两地的土质进行了弯曲断裂韧度的现场测试,给出了现场冻土Ⅰ型、II 型和 I-II 复合型断裂韧度的测试结果,为应用冻土断裂破坏准则提供了符合实际的断裂韧度参数。原状冻土断裂韧度现场测试方法不仅保持了冻土体内固有的结构,而且更重要的是反映了土体的冻结历史,就是说测试结果是反映某一特定冻结时期、冻结状态的参数值。这种反映冻土特性的参数值更符合冻土的实际,是更合理的,具有重要的理论意义和工程应用价值。

(2) 找出了室内断裂韧度测试结果同现场原状冻土断裂韧度的测试结果之间的关系,确定了两者间的关系,这在实际中的应用来说具有更重要的意义。

(3) 非线性临界应变能释放率是材料非线性断裂韧度的重要指标之一,是对材料进行非线性断裂破坏分析的基本参数。冻土材料的本质是非线性的,因此,测试冻土非线性断裂韧度是有意义的。基于能量原理推演了非线性临界应变能释放计算公式,给出了相应参数的测试方法,为试验测试非线性 $\widetilde{G}_C$ 和 $\widetilde{G}_C^*$ 提供了根据。结果表明:人字形切口的线弹性应变能释放率 G_C 大于单边裂纹,说明测试线弹性临界应变能释放率必须用尖裂纹试样,而人字形切口试样的 $\widetilde{G}_C$ 值与单边裂纹试样的 $\widetilde{G}_C^*$ 值相一致,说明测试非线性临界应变能释放率,可以用钝裂纹试样,这种试样不需加工尖裂纹,也不需试验中测试裂纹长度。对于原状冻土的 II 型非线性断裂韧度的测试研究,给出了关于冻土的两种非线性断裂韧度测试方法的结果。

(4) 本章还分别给出了原状冻土及室内重塑冻土Ⅰ型、II 型非线性断裂韧度 $\widetilde{J}_{IC}$及 $\widetilde{J}_{IIC}$试验的结果。由于原状冻土完全处于自然状态下,其结构及内部缺陷随机性较大,试验过程中所采集的数据有一定的离散性,因此需要更多的试样和大量的试验数据并进行统计分析,使结果与实际情况相符。

第 4 章　冻土压缩断裂韧度试验研究

近些年来，学者们已经应用断裂力学理论对冻土的力学特性进行了广泛的研究和大量的试验，揭示了很多有关裂纹扩展及稳定方面的问题，积累了大量宝贵的经验，取得了可喜的成就[42,44,45,151]。

在解决工程实际问题过程中，人们发现导致冻土发生破坏的原因不仅仅是因为发生了弯曲断裂破坏，而冻土在受压状态下产生的破坏问题也常常发生，并且在某些特殊的情况下还起着决定性的作用。但是，至今仍没有看到有关冻土在受压时断裂破坏行为及机理的研究资料。而在冻土地区，这种由于冻土压缩而导致的工程问题又经常发生(如冬季建筑物的地基破坏问题等)，因此，十分有必要在以往研究冻土受压破坏的基础上对冻土在受压断裂情况下的力学特性规律进行研究，从而找出其发生破坏的原因及破坏机理，使之能更好地解决实际工程问题。

在第 2 章讨论冻土断裂破坏准则时，已经建立了该准则的表达式

$$K_{fi}=K_{fci} \tag{4.1}$$

式中，i=I、II、I-II，分别代表弯曲断裂破坏中的 I 型(张拉)破坏、II 型(剪切)破坏和压缩断裂破坏中的 I 型(张拉)破坏、I-II 拉剪复合型破坏。在第 3 章中已经对弯曲断裂破坏两种情况的 K_{fci} 值进行了测试研究，因此，本章将仅对压缩断裂破坏中的 I 型(张拉)破坏、I-II 拉剪复合型破坏的断裂韧度进行测试研究。

4.1　翼型裂纹压缩断裂模型

对于冻土材料而言，无论是压缩断裂还是传统的弯曲断裂，在裂纹的尖端区域都存在着应力集中的现象。无论何种破坏，都可以概括为在力的作用下，裂纹尖端应力集中区开始出现微小的裂纹，随着力的施加，这些微裂纹不断产生、扩展和演化，直到多条微裂纹相互连通、贯穿后材料就失效破坏。但是，在冻土受压缩时，其裂纹的扩展是一个稳定的过程，最后导致其发生断裂破坏的是其内部大量微裂纹的集结，而不是像其在受拉状态下仅受单个裂纹的扩展控制。

由于人们对冻土裂纹开裂机理的研究落后于对岩石、混凝土和冰的开裂机理的研究，因此，主要借鉴由 Sanderson 提出的翼形裂纹扩展模型，翼型裂纹也称为摩擦型裂纹滑移[158]，如图 4.1 所示。当冻土内部存在一个与主应力 σ_{11} 成一定角度的初始裂纹，则当其在主应力 σ_{11} 的作用下使得裂纹尖端产生塑性滑移时，在裂纹两端产生小的拉应力区，且当该应力达到临界应力状态后，裂纹便开始扩展，其

扩展方向垂直原裂纹的端部,以后方向改变,逐渐趋向与主压应力的方向相平行。由于其扩展后的裂纹像翅膀一样,所以称为翼型裂纹[3]。随着此模型的不断完善,翼形裂纹已经被广泛认为是裂纹扩展的主要形式,并受到了广泛的关注[170~172]。因此,该模型得到了不断地完善。

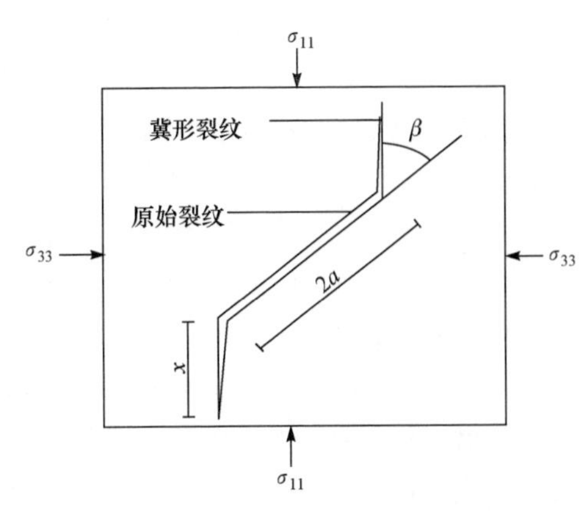

图 4.1　翼形裂纹模型

本试验借鉴了岩石和混凝土压缩断裂研究中的思路及方法[173~176],进行了室内试验研究。制成含有不同裂纹倾斜角度的中心斜裂纹贯穿试样,并在不同的温度、不同的加载速率及不同的裂纹倾斜角度下进行单轴压缩试验,研究其发生破坏的规律,并分别采用冻土断裂力学和岩石力学的方法计算出试样主裂纹尖端的应力强度因子值[2,174],为冻土的受压断裂破坏研究作了有意义的尝试。

4.2　试验原理

4.2.1　压裂断裂模型试验原理(方法一)

Ashby 等已经针对此种模型给出了大致的分析,并给出了一个二维裂纹模型,裂纹长 $2a$,与主应力成 θ_0 角。当主应力 σ_{11} 增长时,翼形裂纹形成并扩展至长度 x,x 与应力状况和冰的力学性质有关。如图 4.1 所示,θ_0 角为 35°~45°(这个角度最适宜滑移)时,其裂纹尖端应力强度因子表达式为

$$K_{\mathrm{I}}=\frac{\sigma_{11}\sqrt{\pi a}}{(1+L)^{3/2}}\left[1-\lambda-\mu(1+\lambda)-\frac{\sqrt{3}\lambda L}{\beta}\right]\times\left[\frac{\beta L}{\sqrt{3}}+\frac{1}{\sqrt{3}(1+L)^{1/2}}\right] \tag{4.2}$$

式中,$\lambda=\sigma_{33}/\sigma_{11}$;$L=x/a$;$\mu$ 为裂纹间的摩擦系数;β 为裂纹形状因子,取值见表 4.1。

表 4.1　β 取值

x/a	0.1	0.2	0.3	0.4	0.5	0.6	0.8	1.0	1.5	2.0
β	2.37	2.30	2.04	1.86	1.73	1.64	1.47	1.37	1.16	1.06

本章采用 Ashby 等提出的翼型裂纹模型,并将其简化为压裂断裂试验模型。如果认为冻土中裂纹扩展发生在冰晶之中,并考虑对于单轴压缩问题,$\sigma_{33}=\sigma_{22}=0$,即 $\lambda=0$,于是式(4.2)就变为

$$K_{\mathrm{I}}=\frac{\sigma_{11}\sqrt{\pi a}(1-\mu)}{(1+L)^{3/2}}\left[\frac{\beta L}{\sqrt{3}}+\frac{1}{\sqrt{3}(1+L)^{1/2}}\right] \tag{4.3}$$

如果不考虑裂纹之间的摩擦影响，即 $\mu=0$，则式(4.3)可写成

$$K_{\mathrm{I}}=\frac{\sigma_{11}\sqrt{\pi a}}{(1+L)^{3/2}}\left[\frac{\beta L}{\sqrt{3}}+\frac{1}{\sqrt{3}(1+L)^{1/2}}\right] \tag{4.4}$$

从式(4.4)中可以看出，应力强度因子 K_{I} 是关于裂纹扩展应力 σ 和裂纹长度 a 等因素的函数，即

$$K_{\mathrm{I}}=f(\sigma,a,\cdots) \tag{4.5}$$

当裂纹开始扩展时，裂纹扩展的应力达到 $\sigma=\sigma_{\mathrm{C}}$，而其他条件保持不变，则此时应力强度因子 K_{I} 便达到了材料的临界值 K_{IC}(即达到了断裂韧度值)，所以翼型裂纹试样断裂韧度的计算公式为

$$K_{\mathrm{IC}}=\frac{\sigma_{\mathrm{C}}\sqrt{\pi a}}{(1+L)^{3/2}}\left[\frac{\beta L}{\sqrt{3}}+\frac{1}{\sqrt{3}(1+L)^{1/2}}\right] \tag{4.6}$$

式(4.6)给出的是初始裂纹为单个翼型裂纹扩展时的断裂韧度计算公式，而实际情况是冻土材料存在着许多的微裂纹所组成的裂纹群，断裂破坏时是裂纹群贯通成一个大裂纹。在这种情况下，可以把集结后的大裂纹简化为当量裂纹，从而可以不用考虑裂纹之间的相互作用，这样做是偏于安全的。

若集结后的当量裂纹长度为 a_{C}，则翼型裂纹冻土试样的断裂韧度 K_{IC} 为

$$K_{\mathrm{IC}}=\frac{\sigma\sqrt{\pi a_{\mathrm{C}}}}{(1+L)^{3/2}}\left[\frac{\beta L}{\sqrt{3}}+\frac{1}{\sqrt{3}(1+L)^{1/2}}\right] \tag{4.7}$$

4.2.2　压剪断裂模型的试验原理(方法二)

近年来，在对压缩荷载作用下含中心斜裂纹的岩石、混凝土材料试验研究中发现，其不仅存在 I 型的模式破坏，而且还可能同时存在着 II 型的共面模式破坏，即是一种复合型断裂破坏[174]。本章采用这种复合断裂破坏的思想，构建了有斜裂纹的压剪断裂模型(图 4.2)，并作如下分析。当压应力作用下试件达到临界状态时，其主裂纹将在与其成 β 角的方向发生断裂(张拉型或剪切型)，在临界状态，主裂纹尖端的应力分布特性实际上成为控制裂纹扩展及其属性的因素。在以往对翼型裂纹试样研究的基础上，将裂纹在断裂过程简化为应力单元模型，如图 4.2 所示。

在该单元模型中，径向应力 σ_r 平行于扩展支裂纹，可忽略其作用。根据叠加原理，图 4.2(a)又可分解成图 4.2(b)和图 4.2(c)的微裂纹模型，分别有

$$k_{\mathrm{I}}=\lim_{r\to 0}(2\pi r)^{1/2}\sigma_{\beta} \tag{4.8}$$

$$k_{\mathrm{II}}=\lim_{r\to 0}(2\pi r)^{1/2}\tau_{\nu\beta} \tag{4.9}$$

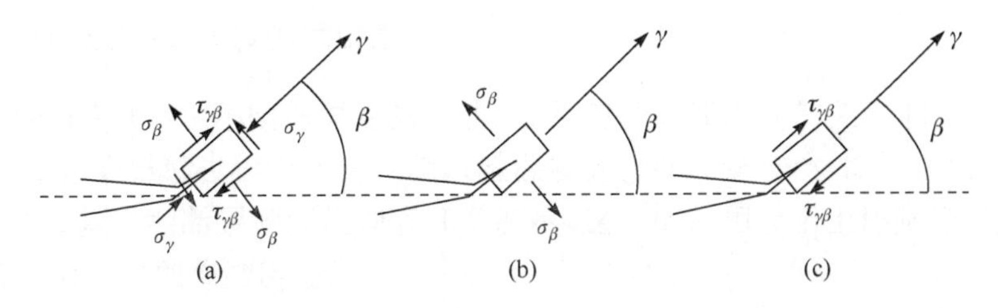

图 4.2　应力单元模型

其中，r 为分支裂纹长度；k_{I} 和 k_{II} 分别为微裂纹尖端应力强度因子。

由于本研究采用的是翼型斜裂纹受压应力作用的试件（压剪断裂模型），如图 4.3所示。裂纹与应力 σ 方向之间的夹角 β 称为裂纹角，这样就形成 I、II 型复合裂纹问题[175]，同样不考虑裂纹之间的摩擦影响（即 $\mu=0$），在如图 4.3(b)所示的坐标系中，σ 和 τ 分别是主裂纹面上的正应力和剪应力，取压应力为正，其计算公式为

$$\sigma=\frac{1}{2}\sigma_1+\frac{1}{2}\sigma_1\cos(2\beta) \tag{4.10}$$

$$\tau=-\frac{1}{2}\sigma_1\sin(2\beta) \tag{4.11}$$

则采用断裂力学中的应力强度因子公式来计算试样主裂纹尖端应力强度因子[177,178]

$$K_{\mathrm{I}}=\frac{1}{2}\sigma_1[1+\cos(2\beta)]\sqrt{\pi a}=\sigma\sqrt{\pi a}\sin^2\beta=\sigma'\sqrt{\pi a} \tag{4.12}$$

$$K_{\mathrm{II}}=-\frac{1}{2}\sigma_1\sin(2\beta)\sqrt{\pi a}=\sigma\sqrt{\pi a}\sin\beta\cos\beta=\tau'\sqrt{\pi a} \tag{4.13}$$

式中，σ' 和 τ' 分别为与裂纹垂直方向的远场正应力和沿裂纹切线方向的远场剪应力。

当主裂纹面上的正应力 σ 和剪应力 τ 达到临界值（σ 达到临界值 σ_{C}）时，应力强度因子 K_{I} 和 K_{II} 便达到了材料的临界值 K_{IC} 和 K_{IIC}（达到了断裂韧度值），所以翼型裂纹试样断裂韧度的计算公式为

$$K_{\mathrm{IC}}=\frac{1}{2}\sigma_{\mathrm{C}}[1+\cos(2\beta)]\sqrt{\pi a}=\sigma_{\mathrm{C}}\sqrt{\pi a}\sin^2\beta=\sigma'_{\mathrm{C}}\sqrt{\pi a} \tag{4.14}$$

$$\begin{aligned}K_{\mathrm{IIC}}&=\left[-\frac{1}{2}\sigma_{\mathrm{C}}\sin(2\beta)+\frac{\mu}{2}\sigma_{\mathrm{C}}+\frac{\mu}{2}\sigma_{\mathrm{C}}\cos(2\beta)\right]\sqrt{\pi a}\\&=\sigma_{\mathrm{C}}\sqrt{\pi a}\sin\beta\cos\beta=\tau'_{\mathrm{C}}\sqrt{\pi a}\end{aligned} \tag{4.15}$$

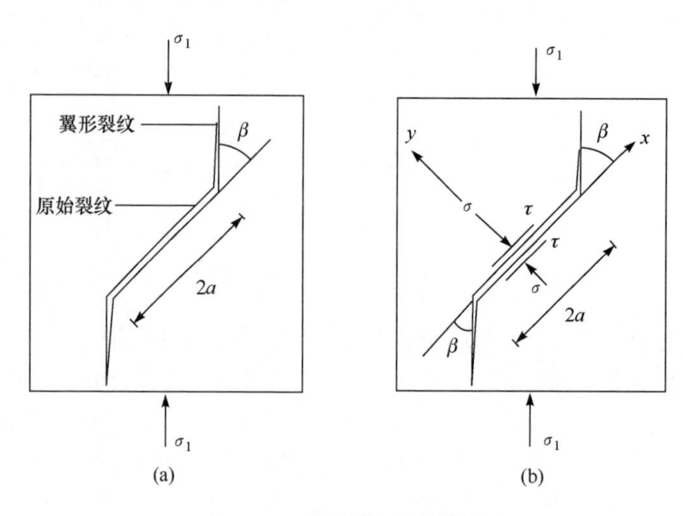

图 4.3 翼型裂纹压剪模型

4.3 试验设计

4.3.1 试样制备

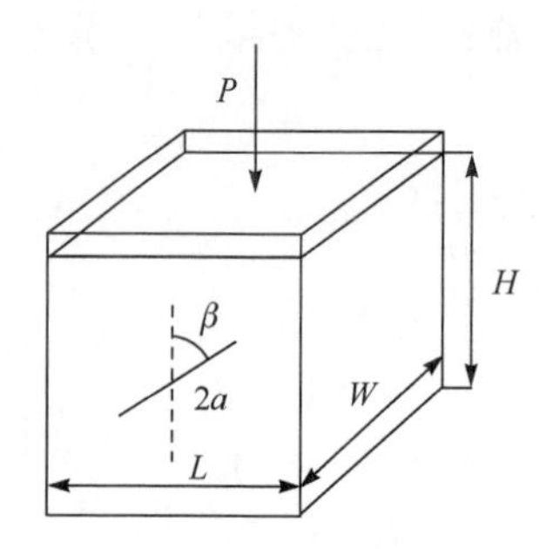

图 4.4 试样尺寸及受力图

本试验同样参照 3.4.1 节给出的含水率，根据取土现场原状土的密度，首先采用《土工试验规程》(SL237—1999)[163]的方法配制试样含水率，参照岩石有关翼型裂纹压剪断裂韧度的测试方法[8]，试样尺寸及受力形式如图 4.4 所示。其尺寸为 $L\times W\times H=0.09\text{m}\times 0.09\text{m}\times 0.2\text{m}$，$L$ 为试样长，W 为试样宽，H 为试样高，$2a$ 为预制裂纹的长度。

4.3.2 试样初始裂纹的制作

按照试验设计的要求选用厚度为 0.2mm 的紫铜薄片两面涂上润滑油，在试样装模的同时将其预埋于试样中，待试样在冷库中冷冻初凝后轻轻取出薄铜片，这样便在试样上形成长 50～55mm 的窄缝。裂纹尖端的构造是个难点，为了使试件能够达到裂纹尖端极尖，本试验采用先将试样放在试验台上，对其施加最大力 P_{max} 直到试样破坏，可以得到它们的最大 P_{max} 值，再根据 P_{max} 和试验所用土质的力学特性取 $0.5P_{max}$ 值。这样就可以将试样都预先加载到 $0.5P_{max}$ 值，使其在原有裂纹开口的基础上形成裂纹尖端。利用这样制作出来地裂纹尖端比以往制作出来的裂纹尖端更能准确地反映出试样裂纹扩展区的实际情况。使试验更符合实际、更具有可靠性。

4.3.3　试验装置

本试验在 500kN 的 CSS—2250 电子万能压力试验机上进行，加载速率由试验机自动设定控制，利用恒温冷浴严格控制试验温度，精确控温误差在±0.1℃。荷载传感器在试验温度下标定，并在试验前后两次标定，保持结果一致。力和位移信号由计算机采集后进行自动处理，绘出 P-V 曲线。

4.3.4　测试数据

利用如图 4.5 所示的试验装置，对室内重塑冻土斜裂纹试样进行压缩断裂试验，试验条件：温度分别为−5℃、−10℃和−15℃三种情况；加载速率分为 1mm/min、5mm/min、10mm/min、50mm/min 和 100mm/min 五种情况来控制；而试样则按照斜裂纹倾斜角度分为 $\beta=15°$、$\beta=25°$、$\beta=35°$和 $\beta=45°$四种，得到不同的试验结果。

图 4.5　试验装置照片

为了确定试样的临界应力 σ_{1c}，必须先确定试样的临界压力 P_C 值。而从图 4.6中可以看出，试样在达到 P_{max}之前就已经产生了塑性变形，因此，采用以往的方法来确定 P_C 大小，如图 4.7 所示[2]，沿 P-V 曲线线性段画直线 OA；将 OA 线段的斜率降低 5%，以此画出直线 OB；直线 OB 与 P-V 曲线的交点即为临界荷载 P_C。

1. 试验原理(一)的测试数据

利用试验测试原理(一)得到不同温度、不同裂纹倾斜角度及不同加载速率下的 I 型断裂韧度值 K_{IC}，如表 4.2～表 4.4 所示。

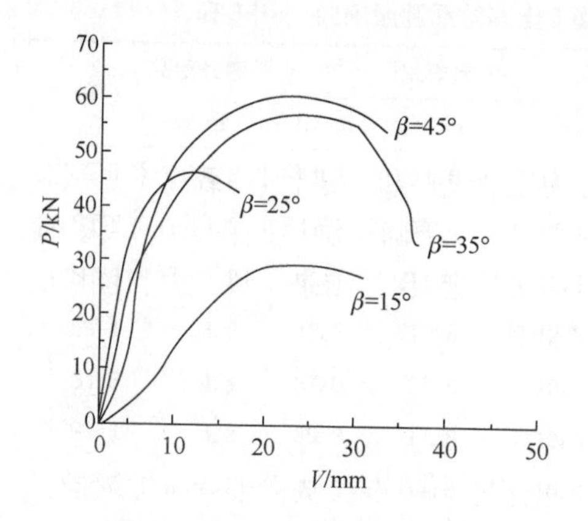

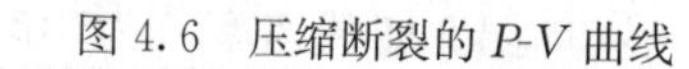
图 4.6　压缩断裂的 P-V 曲线

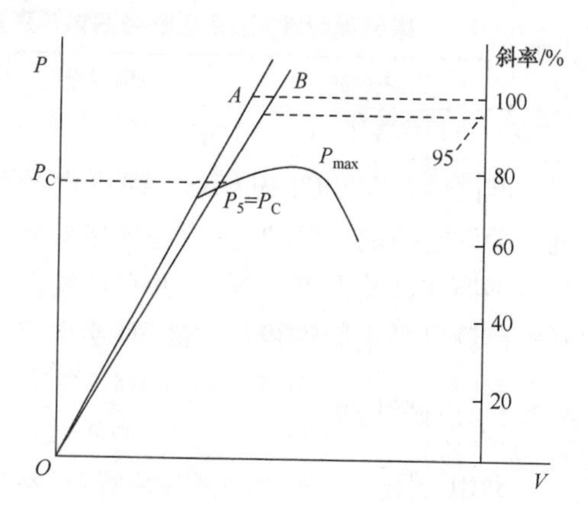

图 4.7　确定 P_C 的 P-V 曲线

表 4.2　方法(一)测试数据(−15℃)

编号	$\dot{P}$	$\beta=15°$		$\beta=25°$		$\beta=35°$		$\beta=45°$	
		σ_{IC}	K_{IC}	σ_{IC}	K_{IC}	σ_{IC}	K_{IC}	σ_{IC}	K_{IC}
ST-1	1	2.43	0.163	2.19	0.166	2.19	0.186	2.13	0.200
ST-2	1	2.75	0.183	2.42	0.186	2.43	0.207	2.29	0.215
ST-3	5	3.56	0.241	3.38	0.260	3.38	0.290	3.14	0.294
ST-4	5	3.69	0.244	3.55	0.271	3.21	0.264	3.29	0.305
ST-5	10	4.53	0.308	3.57	0.271	3.57	0.303	3.49	0.325
ST-6	10	4.49	0.303	3.59	0.277	3.33	0.306	3.24	0.299
ST-7	50	4.79	0.326	4.39	0.335	4.39	0.374	4.24	0.394
ST-8	50	5.06	0.339	4.39	0.335	4.09	0.368	3.69	0.349
ST-9	100	4.92	0.335	4.52	0.346	4.52	0.386	4.02	0.376
ST-10	100	4.90	0.335	4.52	0.338	4.09	0.356	4.06	0.380

表 4.3　方法(一)测试数据(−10℃)

编号	$\dot{P}$	$\beta=15°$		$\beta=25°$		$\beta=35°$		$\beta=45°$	
		σ_{IC}	K_{IC}	σ_{IC}	K_{IC}	σ_{IC}	K_{IC}	σ_{IC}	K_{IC}
ST-1	1	1.96	0.133	1.85	0.136	1.74	0.151	1.59	0.152
ST-2	1	2.13	0.128	1.98	0.149	1.85	0.158	1.73	0.162
ST-3	5	2.39	0.164	2.16	0.156	2.06	0.174	1.89	0.175
ST-4	5	2.35	0.156	2.21	0.173	2.22	0.191	2.19	0.207
ST-5	10	2.51	0.168	2.42	0.193	2.23	0.201	2.39	0.223

续表

编号	$\dot{P}$	$\beta=15°$		$\beta=25°$		$\beta=35°$		$\beta=45°$	
		σ_{1C}	K_{IC}	σ_{1C}	K_{IC}	σ_{1C}	K_{IC}	σ_{1C}	K_{IC}
ST-6	10	2.53	0.175	2.47	0.186	2.42	0.206	2.53	0.239
ST-7	50	3.19	0.216	3.07	0.241	2.75	0.256	3.33	0.314
ST-8	50	3.07	0.208	2.93	0.229	2.75	0.239	3.25	0.304
ST-9	100	3.24	0.210	3.26	0.276	3.19	0.293	3.73	0.355
ST-10	100	3.63	0.252	3.56	0.289	3.29	0.301	3.76	0.354

表 4.4　方法(一)测试数据(−5℃)

编号	$\dot{P}$	$\beta=15°$		$\beta=25°$		$\beta=35°$		$\beta=45°$	
		σ_{1C}	K_{IC}	σ_{1C}	K_{IC}	σ_{1C}	K_{IC}	σ_{1C}	K_{IC}
ST-1	1	0.87	0.060	0.77	0.060	0.79	0.068	0.73	0.068
ST-2	1	1.15	0.076	1.00	0.080	0.98	0.085	0.88	0.083
ST-3	5	1.88	0.126	1.69	0.127	1.45	0.125	1.44	0.134
ST-4	5	1.64	0.108	1.73	0.140	1.75	0.149	1.67	0.156
ST-5	10	2.71	0.179	2.26	0.166	2.19	0.203	2.09	0.193
ST-6	10	2.56	0.178	2.28	0.178	2.37	0.208	2.14	0.203
ST-7	50	2.23	0.153	2.16	0.163	2.07	0.186	1.81	0.166
ST-8	50	2.41	0.159	2.19	0.172	2.03	0.188	2.11	0.199
ST-9	100	2.04	0.278	1.94	0.161	1.98	0.171	1.92	0.179
ST-10	100	2.16	0.293	2.06	0.155	2.02	0.178	1.86	0.175

2. 试验原理(二)的测试数据

同样利用试验测试原理(二)得到不同温度、不同裂纹倾斜角度及不同加载速率下的 I 型和 II 型断裂韧度值 K_{IC} 和 K_{IIC}，如表 4.5～表 4.7 所示。

表 4.5　方法(二)测试数据(−15℃)

编号	$\dot{P}$	$\beta=15°$		$\beta=25°$		$\beta=35°$		$\beta=45°$	
		K_{IC}	K_{IIC}	K_{IC}	K_{IIC}	K_{IC}	K_{IIC}	K_{IC}	K_{IIC}
ST-1	1	0.045	0.166	0.107	0.229	0.197	0.281	0.292	0.292
ST-2	1	0.050	0.186	0.119	0.255	0.218	0.312	0.313	0.313
ST-3	5	0.065	0.244	0.166	0.356	0.306	0.437	0.429	0.429
ST-4	5	0.067	0.251	0.173	0.372	0.283	0.405	0.447	0.447
ST-5	10	0.083	0.311	0.174	0.374	0.321	0.458	0.476	0.476

续表

编号	$\dot{P}$	$\beta=15°$		$\beta=25°$		$\beta=35°$		$\beta=45°$	
		K_{IC}	K_{IIC}	K_{IC}	K_{IIC}	K_{IC}	K_{IIC}	K_{IC}	K_{IIC}
ST-6	10	0.082	0.307	0.177	0.379	0.313	0.447	0.439	0.439
ST-7	50	0.088	0.328	0.215	0.461	0.396	0.565	0.578	0.578
ST-8	50	0.092	0.345	0.215	0.461	0.381	0.543	0.508	0.508
ST-9	100	0.091	0.338	0.222	0.475	0.408	0.583	0.550	0.550
ST-10	100	0.090	0.338	0.219	0.471	0.373	0.532	0.560	0.560

表 4.6　方法(二)测试数据(−10℃)

编号	$\dot{P}$	$\beta=15°$		$\beta=25°$		$\beta=35°$		$\beta=45°$	
		K_{IC}	K_{IIC}	K_{IC}	K_{IIC}	K_{IC}	K_{IIC}	K_{IC}	K_{IIC}
ST-1	1	0.036	0.134	0.088	0.191	0.158	0.226	0.221	0.221
ST-2	1	0.037	0.138	0.096	0.206	0.168	0.239	0.238	0.238
ST-3	5	0.044	0.165	0.103	0.221	0.185	0.264	0.258	0.258
ST-4	5	0.043	0.160	0.109	0.235	0.201	0.287	0.302	0.302
ST-5	10	0.047	0.170	0.047	0.170	0.208	0.296	0.328	0.328
ST-6	10	0.047	0.175	0.047	0.175	0.218	0.312	0.349	0.349
ST-7	50	0.059	0.218	0.152	0.327	0.261	0.373	0.458	0.458
ST-8	50	0.056	0.210	0.145	0.311	0.251	0.358	0.444	0.444
ST-9	100	0.058	0.218	0.168	0.361	0.300	0.428	0.516	0.516
ST-10	100	0.068	0.252	0.179	0.385	0.308	0.441	0.518	0.518

表 4.7　方法(二)测试数据(−5℃)

编号	$\dot{P}$	$\beta=15°$		$\beta=25°$		$\beta=35°$		$\beta=45°$	
		K_{IC}	K_{IIC}	K_{IC}	K_{IIC}	K_{IC}	K_{IIC}	K_{IC}	K_{IIC}
ST-1	1	0.016	0.060	0.038	0.082	0.070	0.102	0.099	0.099
ST-2	1	0.021	0.079	0.050	0.108	0.089	0.127	0.122	0.122
ST-3	5	0.034	0.128	0.082	0.176	0.131	0.188	0.196	0.196
ST-4	5	0.030	0.111	0.087	0.187	0.158	0.225	0.229	0.229
ST-5	10	0.049	0.183	0.108	0.232	0.207	0.296	0.283	0.283
ST-6	10	0.048	0.178	0.113	0.242	0.218	0.311	0.296	0.296
ST-7	50	0.041	0.156	0.105	0.225	0.193	0.275	0.245	0.245
ST-8	50	0.043	0.163	0.109	0.233	0.192	0.275	0.290	0.290
ST-9	100	0.053	0.198	0.099	0.212	0.180	0.257	0.262	0.262
ST-10	100	0.056	0.209	0.100	0.214	0.186	0.265	0.255	0.255

4.4　对试验原理(一)所得结果的讨论

将试验测得的数据代入式(4.7)，由于试验结果得到的 $x/a\approx2.1$，所以参照表 4.1取 $\beta=1$[2]，且根据本试验条件取 $\mu=0$，从而得到不同温度、不同加载速率和不同开裂角试样的 K_{IC}值。从中可知，试样的断裂韧度值主要受试验温度、试样斜裂纹的角度和试验时的加载速率这三个因素的影响，下面分别讨论。

4.4.1　斜裂纹角度对 K_{IC}值的影响

保持相同的加载速率，在不同温度下分别针对不同斜裂纹角度试样进行试验，结果如图 4.8～图 4.12 所示。

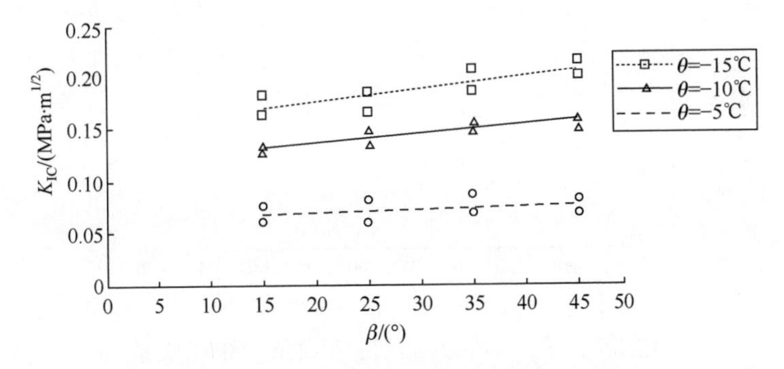

图 4.8　$\dot{P}=1$mm/min 时斜裂纹角 β 和 K_{IC}关系

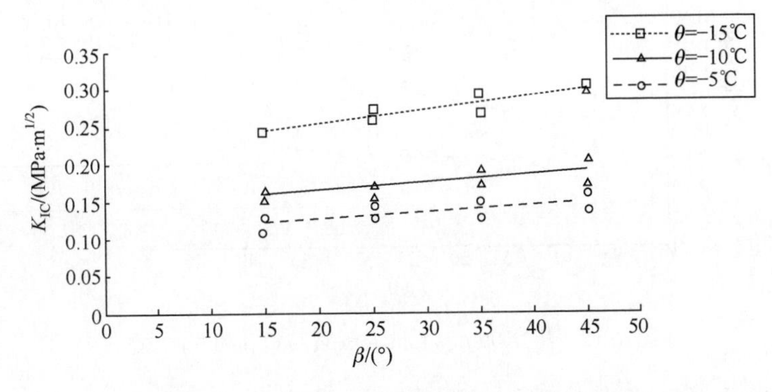

图 4.9　$\dot{P}=5$mm/min 时斜裂纹角 β 和 K_{IC}关系

从图 4.8～图 4.12 中可以清楚地看出，当加载速率在 $\dot{P}=1$mm/min 和 $\dot{P}=5$mm/min 的情况下，－15℃试样的 K_{IC}值均随着裂纹倾斜角度的增大而增大。当试验温度为－5℃时试样的断裂韧度 K_{IC}值随着斜裂纹角度的增大，K_{IC}值始终增加缓慢，这说明此温度时试样的裂纹倾斜角度对试样的断裂韧度值 K_{IC}的影响不

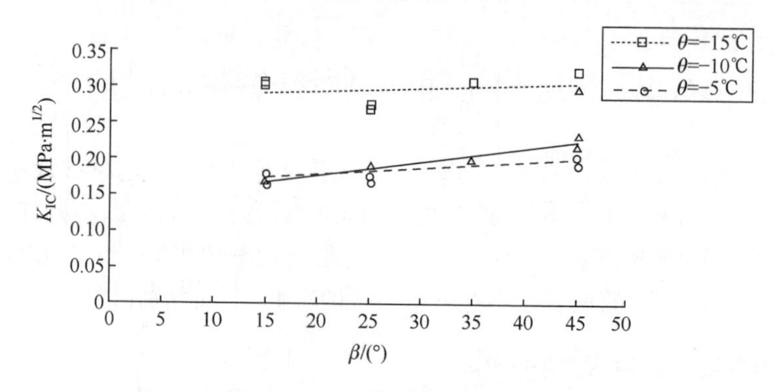

图 4.10　$\dot{P}$=10mm/min 时斜裂纹角 β 和 K_{IC} 关系

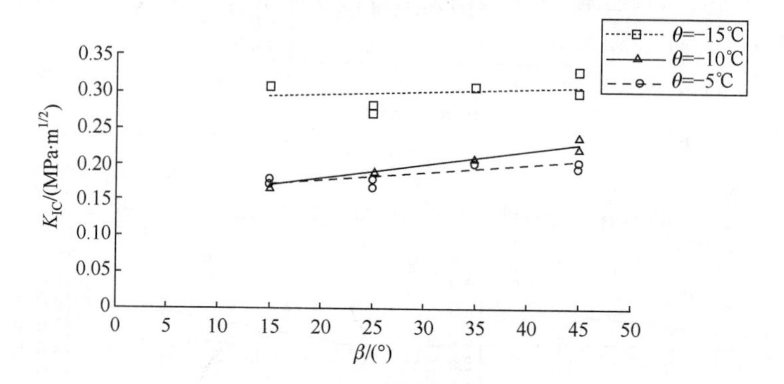

图 4.11　$\dot{P}$=50mm/min 时斜裂纹角 β 和 K_{IC} 关系

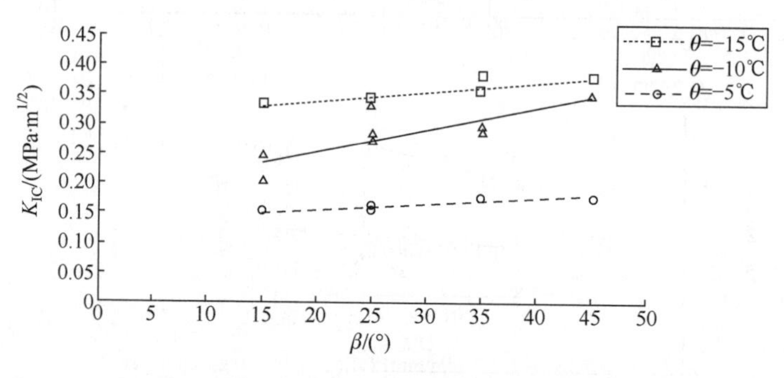

图 4.12　$\dot{P}$=100mm/min 时斜裂纹角 β 和 K_{IC} 关系

大。与之相反，在试验温度为－10℃时，试样的断裂韧度值随着裂纹倾斜角度的增大而迅速线性增大，这说明此时试样的断裂韧度值受裂纹倾斜角变化的影响较大。综合上述情况，可以看出采用方法(一)进行翼型裂纹压缩试验可以得到，斜裂纹角度越大 K_{IC} 值越大，说明斜裂纹角度越大则冻土材料抵抗破坏的能力就越强，就越不容易破坏。在极限情况即 $\beta=90°$ 时，裂纹呈水平方向，则在垂直受力的情况下裂纹将会闭合而不会产生断裂。同时可以看出，随着温度的降低 K_{IC} 值是增大的。

这是因为温度越低则冻土材料就越脆，韧度值就越大，这是符合冻土材料自身特点的。

4.4.2　试验温度对 K_{IC} 值的影响

保持试样斜裂纹角度不变，讨论在不同加载速率下试验温度对断裂韧度 K_{IC} 值的影响，结果如图 4.13～图 4.16 所示。

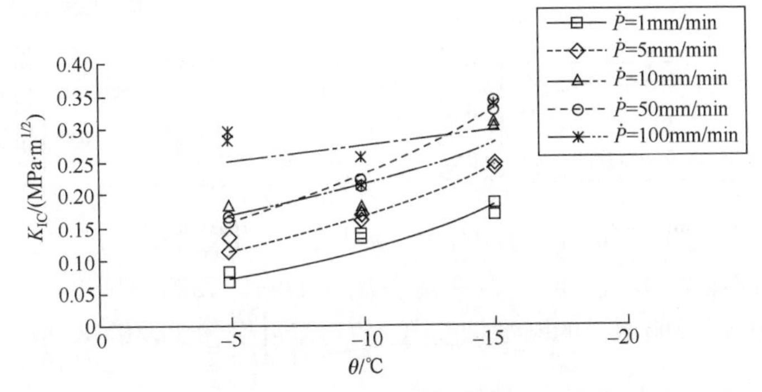

图 4.13　$\beta=15°$时试验温度 θ 和 K_{IC} 关系

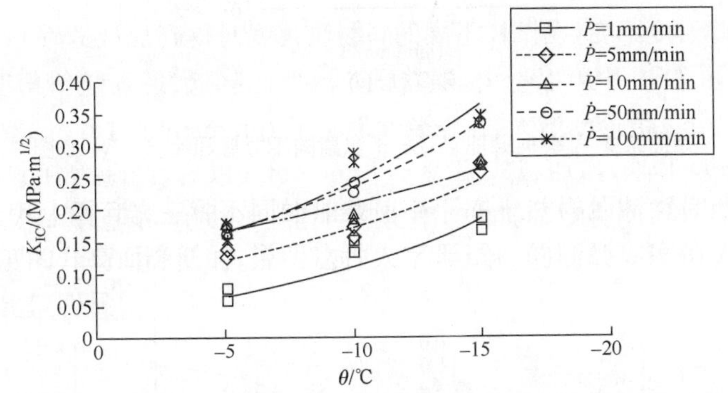

图 4.14　$\beta=25°$时试验温度 θ 和 K_{IC} 关系

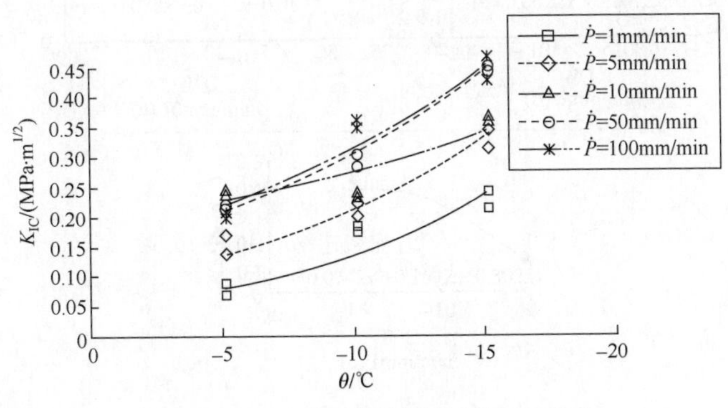

图 4.15　$\beta=35°$时试验温度 θ 和 K_{IC} 关系

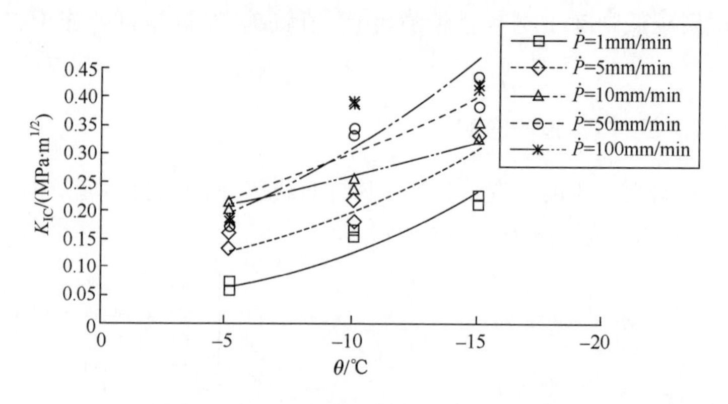

图 4.16　β=45°时试验温度 θ 和 K_{IC} 关系

从图 4.13～图 4.16 可以看出，无论哪种试样斜裂纹的角度，其断裂韧度 K_{IC} 值都随着加载速率的增加而增大，并随着温度的降低其断裂韧度 K_{IC} 值呈指数规律增大。同时还说明试样的断裂韧度 K_{IC} 值对温度变化比较敏感。

4.4.3　试样加载速率对 K_{IC} 值的影响

保持试验温度不变，在试样不同的斜裂纹角度时得到加载速率和 K_{IC} 的关系。从图 4.17～图 4.19 中可以看出，随着试验温度的降低、裂纹倾斜角度的增加，试样的断裂韧度 K_{IC} 值逐渐增大，在加载速率小于 10mm/min 时 K_{IC} 随着加载速率的增加增长较快，但是，当加载速率大于 10mm/min 以后，则随着加载速率的增加 K_{IC} 值变化不明显，说明此时加载速率对断裂韧度 K_{IC} 的影响已经不太敏感了。

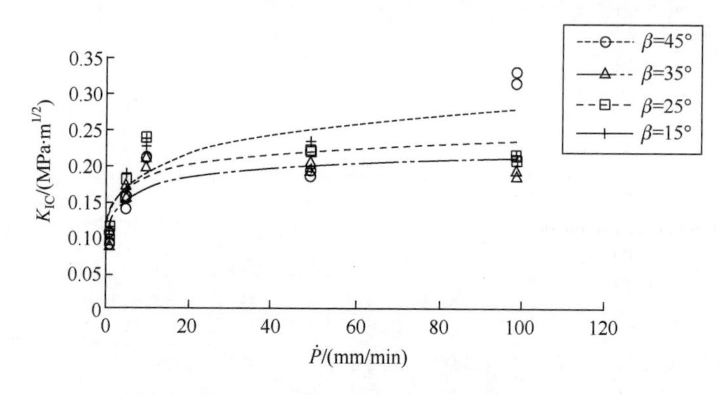

图 4.17　−5℃时加载速率 $\dot{P}$ 和 K_{IC} 关系

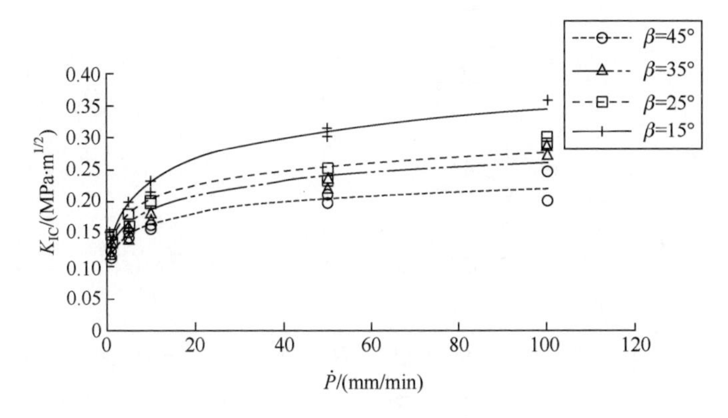

图 4.18　−10℃时加载速率 $\dot{P}$ 和 K_{IC} 关系

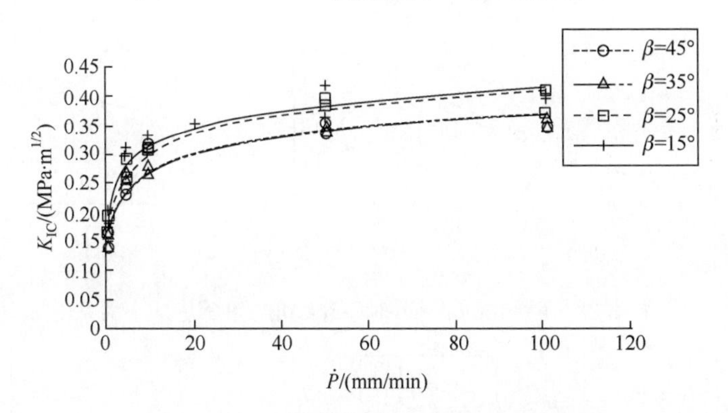

图 4.19　−15℃时加载速率 $\dot{P}$ 和 K_{IC} 关系

4.5　对试验原理(二)所得结果的讨论

4.5.1　斜裂纹角对 K_{IC} 和 K_{IIC} 值的影响

保持相同的加载速率，在不同温度下分别对不同斜裂纹角度试样进行试验，结果如图 4.20～图 4.24 所示。

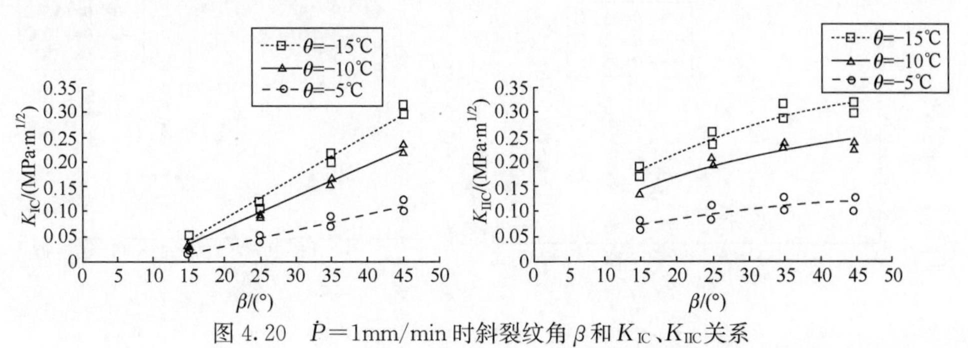

图 4.20　$\dot{P}$＝1mm/min 时斜裂纹角 β 和 K_{IC}、K_{IIC} 关系

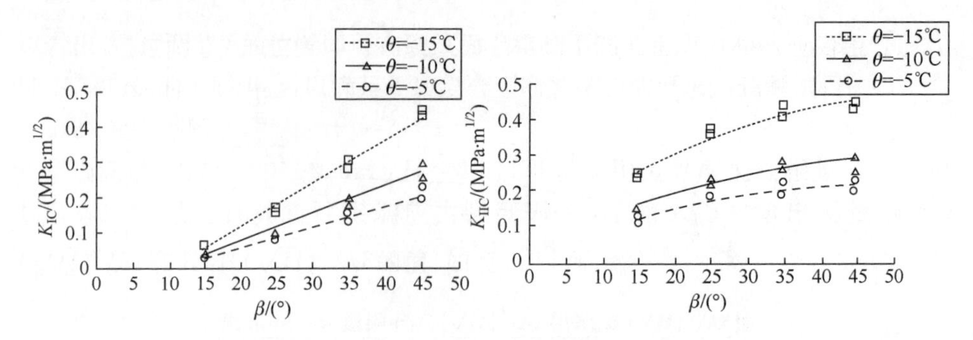

图 4.21　$\dot{P}$=5mm/min 时斜裂纹角 β 和 K_{IC}、K_{IIC}关系

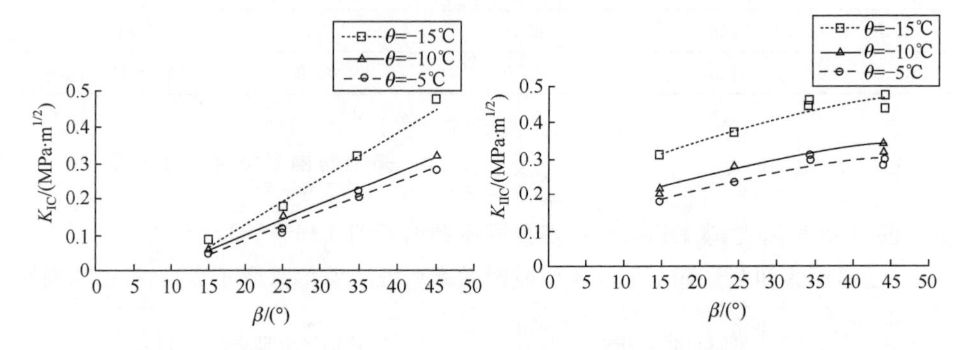

图 4.22　$\dot{P}$=10mm/min 时斜裂纹角 β 和 K_{IC}、K_{IIC}关系

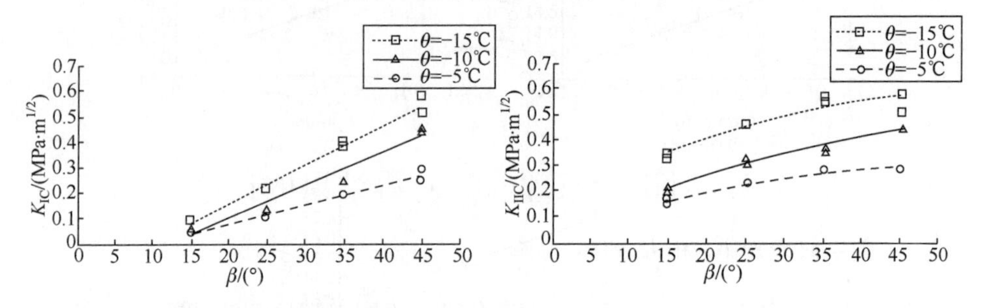

图 4.23　$\dot{P}$=50mm/min 时斜裂纹角 β 和 K_{IC}、K_{IIC}关系

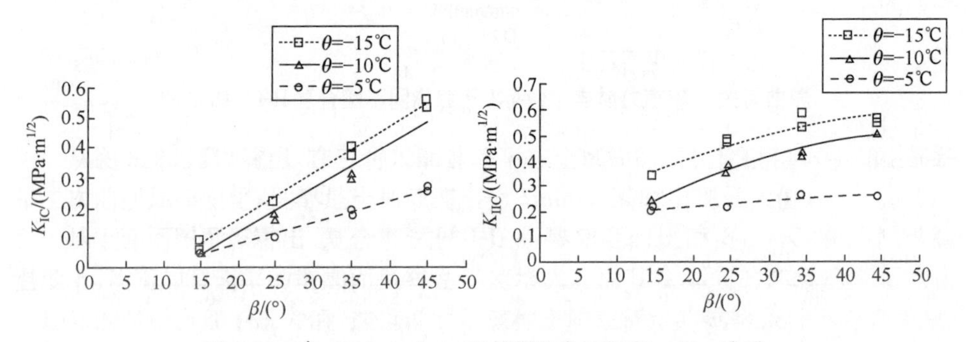

图 4.24　$\dot{P}$=100mm/min 时斜裂纹角 β 和 K_{IC}、K_{IIC}关系

分析图 4.20～图 4.24 可以得到以下结论：

（1）裂纹的倾斜角度对试样的断裂韧度 K_{IC}值和 K_{IIC}值的影响都比较明显，其中随着裂纹倾斜角度的增加 K_{IC}值呈现出线性规律的增长，K_{IIC}值则呈现出对数规律的增长。并且随着斜裂纹角度的增大，K_{IC}值和 K_{IIC}值逐渐接近，最后当倾斜角度达到 45°时，K_{IC}值等于 K_{IIC}值，即此时在裂纹表面的抗拉能力与抗剪能力都是最大的，冻土材料不容易破坏。

（2）因为该模型为压、剪混合型模型，所以，随着角度 β 的增大 K_{IC}值增大的幅度明显，相比之下 K_{IIC}值增大得不是非常明显，这符合随着角度 β 的增大，在裂纹面上逐渐以 K_{IC}为主的实际规律。

（3）从图中可以看出，当 β 角较小时，K_{IC}值也比较小，甚至在 $\beta=0$ 时 $K_{IC}=0$，即在裂纹面上只有剪应力存在属于 II 型的情况。同方法一中的 K_{IC}值相比，其增大的幅度更大，表现出对开裂角的变化更加敏感。

4.5.2 试验温度对 K_{IC}和 K_{IIC}值的影响

保持试样斜裂纹角度不变，讨论在不同加载速率下试验温度对断裂韧度 K_{IC}值和 K_{IIC}值的影响，结果如图 4.25～图 4.28 所示。

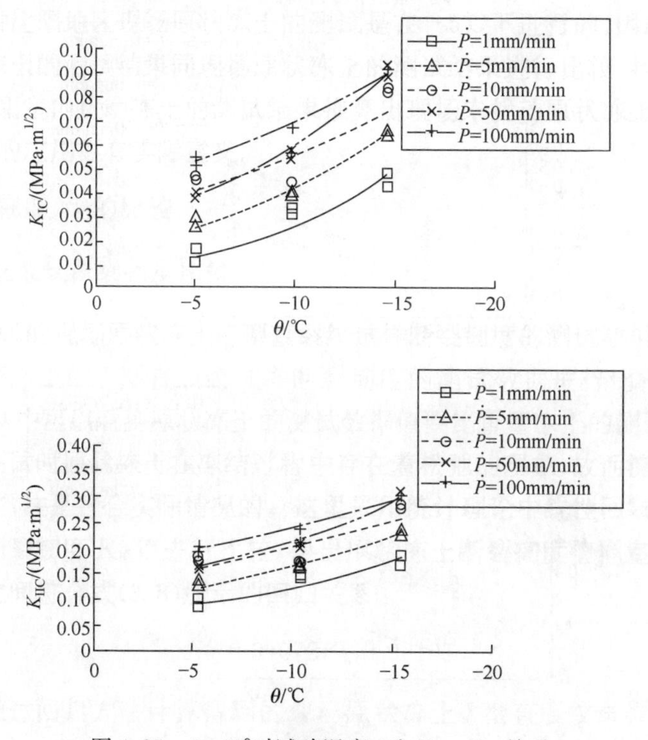

图 4.25 $\beta=15°$时试验温度 θ 和 K_{IC}、K_{IIC}关系

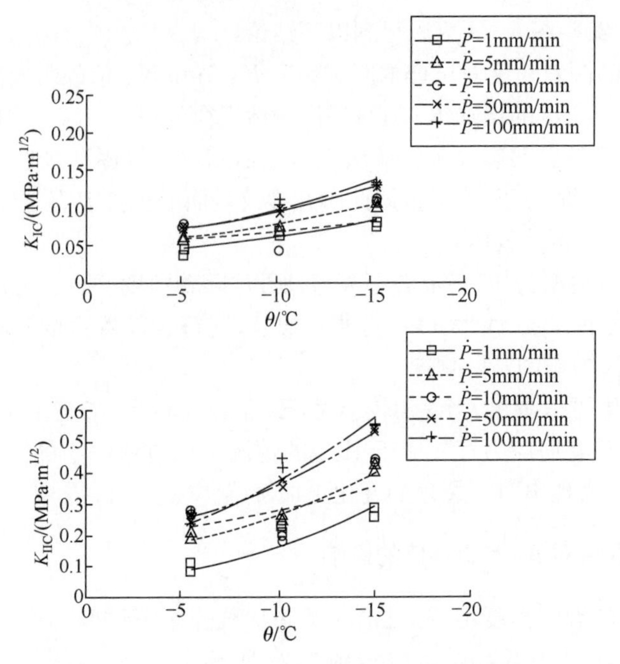

图 4.26　$\beta=25°$时试验温度 θ 和 K_{IC}、K_{IIC} 关系

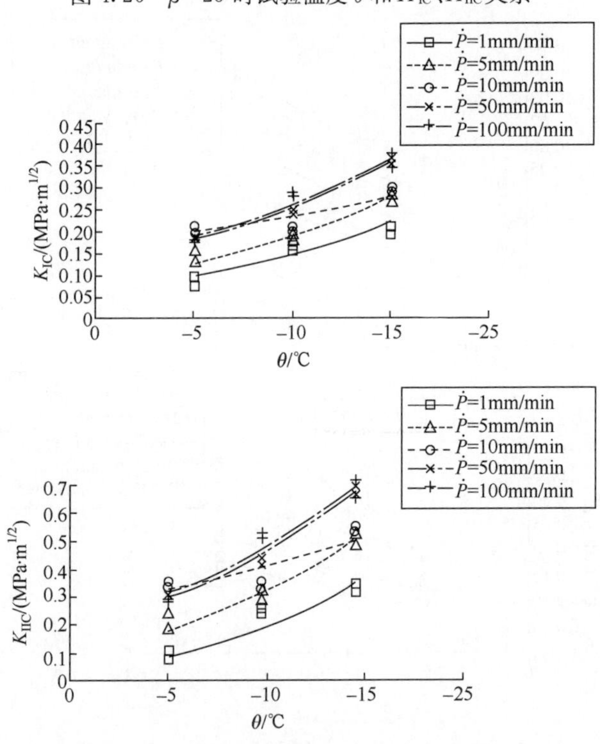

图 4.27　$\beta=35°$时试验温度 θ 和 K_{IC}、K_{IIC} 关系

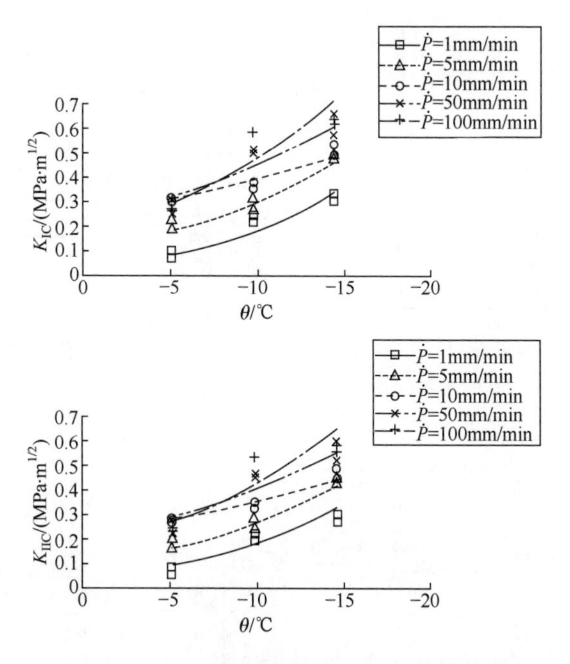

图 4.28　$\beta=45°$时试验温度 θ 和 K_{IC}、K_{IIC}关系

通过对四种不同裂纹倾斜角度下的试验温度和 K_{IC}、K_{IIC}值关系分析可以知道，各种情况下断裂韧度 K_{IC}值和 K_{IIC}值都是随着温度的降低而呈指数规律增长，并且都是随着加载速率的增加而增大，其增长的规律与方法(一)中的试验规律相同。

4.5.3　试样加载速率对 K_{IC}和 K_{IIC}的影响

保持试验温度不变，在试样不同的斜裂纹角度时得到加载速率和 K_{IC}、K_{IIC}的关系如图 4.29～图 4.31 所示。

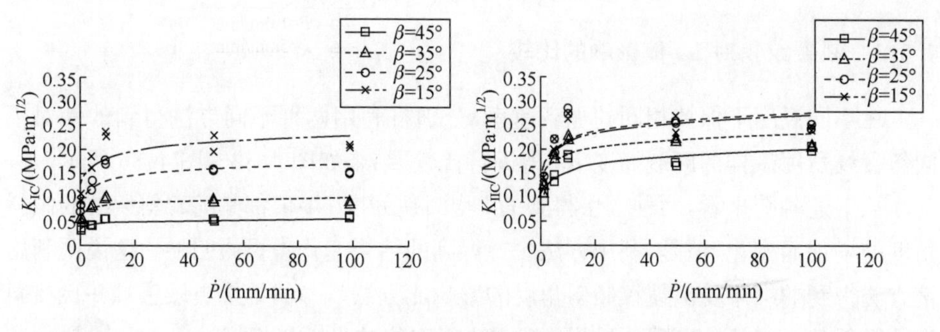

图 4.29　−5℃时加载速率 $\dot{P}$ 和 K_{IC}、K_{IIC}关系

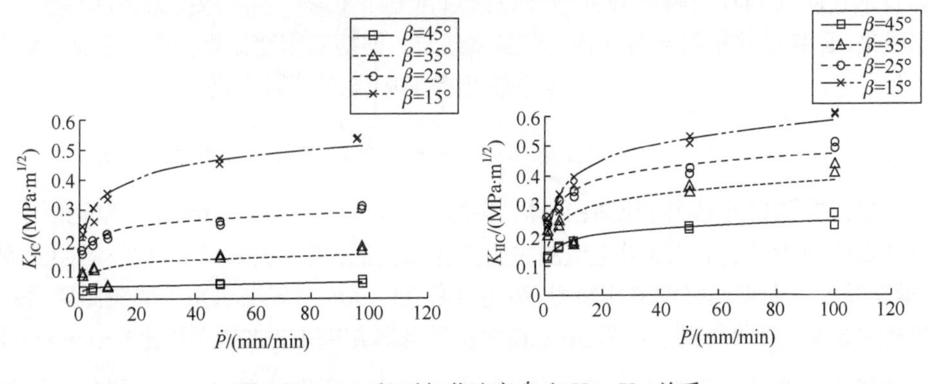

图 4.30　−10℃时加载速率 $\dot{P}$ 和 K_{IC}、K_{IIC}关系

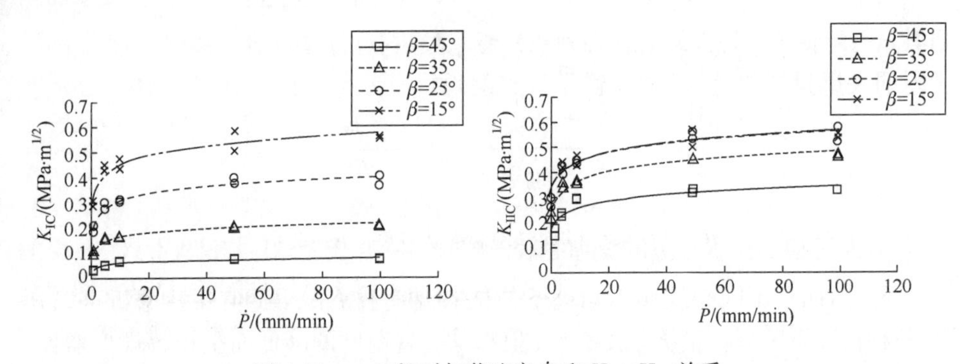

图 4.31　−15℃时加载速率 $\dot{P}$ 和 K_{IC}、K_{IIC}关系

从图 4.29～图 4.31 可以看出，随着加载速率的增加无论是 I 型断裂韧度 K_{IC} 还是 II 型断裂韧度 K_{IIC}都是呈对数规律增大。同样在加载速率 $\dot{P}$>10mm/min 后表现出对断裂韧度 K_{IC}值的影响不太敏感的特征。

4.6　两种方法结果比较

4.6.1　斜裂纹角对 K_{IC}值影响的比较

在不同温度下保持相同的加载速率，分别将利用两种不同方法得到的针对不同斜裂纹角度试样的断裂韧度 K_{IC}值进行比较，结果如图 4.32～图 4.36 所示。

从上述各图来看，两种方法得到的 I 型断裂韧度 K_{IC}值都是随着斜裂纹的倾斜角度的增加而变化，但是，利用方法(二)得到的结果变化得更为明显。这说明利用该方法得到的结果受斜裂纹倾斜角度的影响比方法(一)的结果更敏感。并且在斜裂纹倾斜角为35°的情况下，两种计算方法得到的结果近似相等。

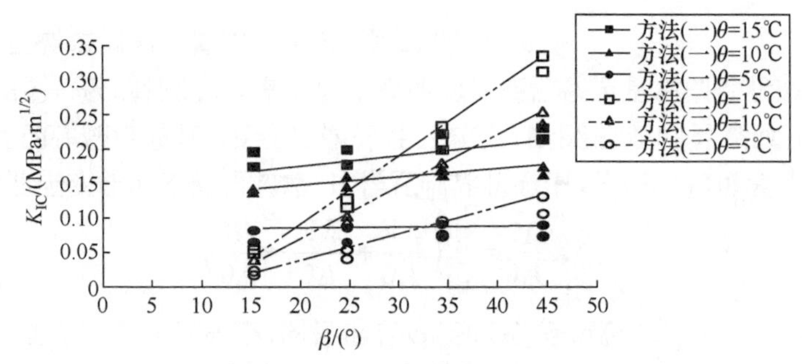

图 4.32 $\dot{P}$=1mm/min 时斜裂纹角和 K_{IC} 关系比较

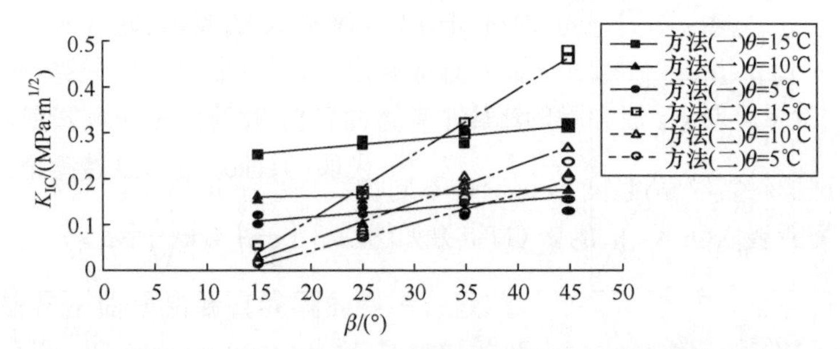

图 4.33 $\dot{P}$=5mm/min 时斜裂纹角和 K_{IC} 关系比较

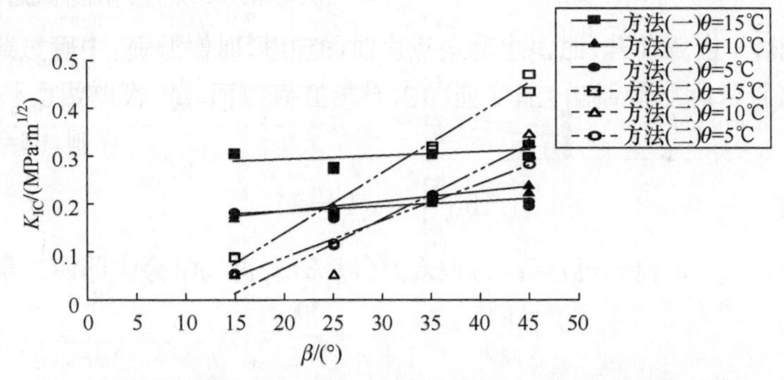

图 4.34 $\dot{P}$=10mm/min 时斜裂纹角和 K_{IC} 关系比较

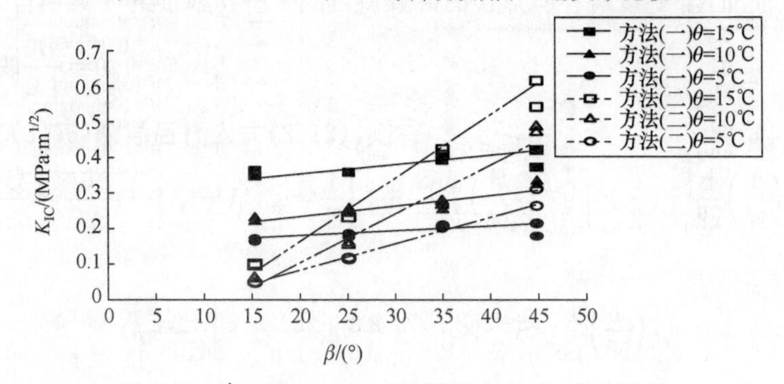

图 4.35 $\dot{P}$=50mm/min 时斜裂纹角和 K_{IC} 关系比较

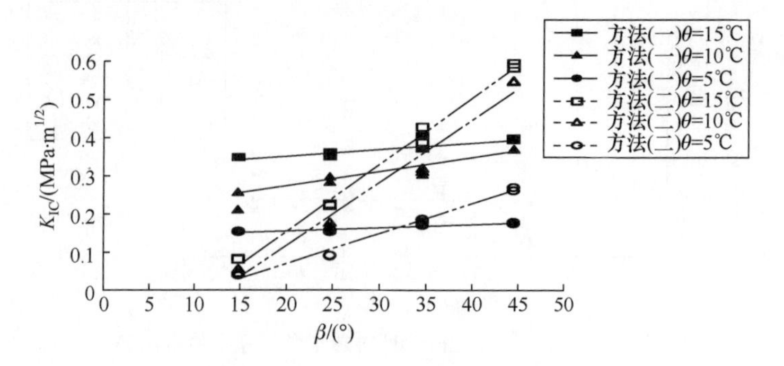

图 4.36　$\dot{P}$=100mm/min 时斜裂纹角和 K_{IC} 关系比较

4.6.2　试验温度对 K_{IC} 值影响的比较

保持试样斜裂纹角度不变,讨论在不同加载速率下试验温度对利用两种测试方法得到的断裂韧度 K_{IC} 值的影响,结果如图 4.37～图 4.40 所示。

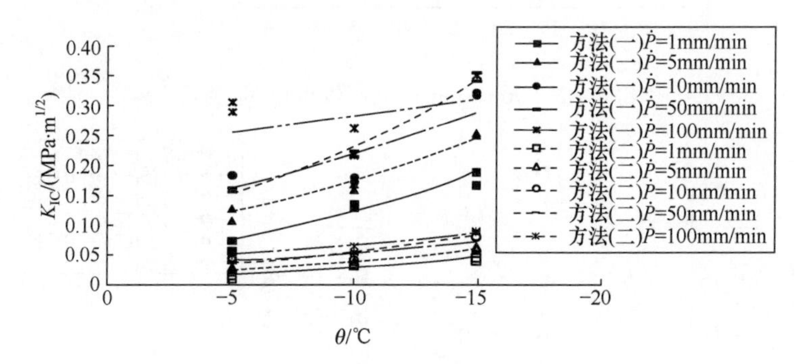

图 4.37　β=15°时试验温度 θ 和 K_{IC} 关系比较

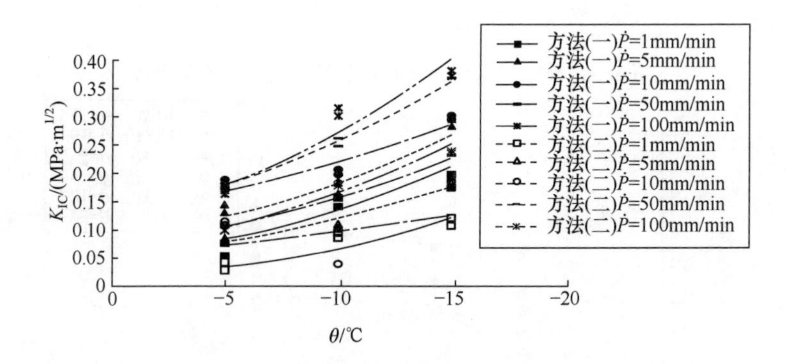

图 4.38　β=25°时试验温度 θ 和 K_{IC} 关系比较

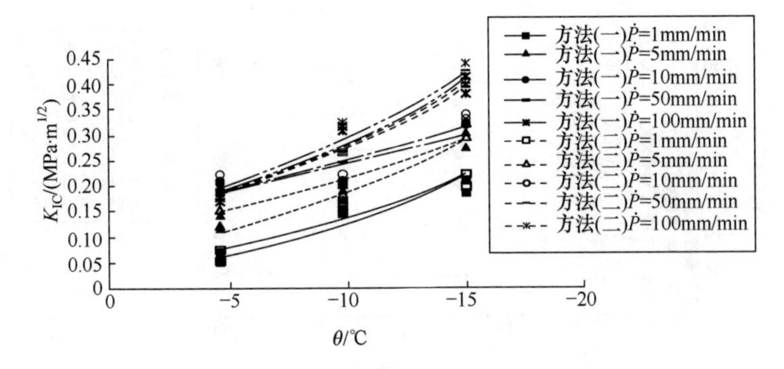

图 4.39　$\beta=35°$时试验温度 θ 和 K_{IC}关系比较

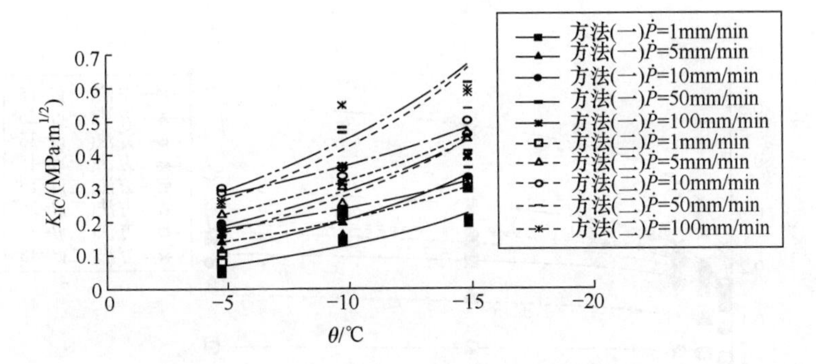

图 4.40　$\beta=45°$时试验温度 θ 和 K_{IC}关系比较

通过对四种不同裂纹倾斜角度下的试验温度和 K_{IC}值关系分析可以得到，在各种情况下，利用两种方法得到的断裂韧度 K_{IC}值都是随着温度的降低而呈指数规律增长，并且都是随着加载速率的增加而增大。从图 4.39 可见，当 $\beta<35°$时，利用方法(一)得到的 K_{IC}值要大于方法(二)所得到的值；但是，当裂纹倾斜角度达到 $\beta=35°$时两种方法得到的 K_{IC}值近似相等；而当 $\beta>35°$后，利用方法(二)得到的 K_{IC}值反而大于方法(一)所得到的值，这说明两种方法计算所得到的 K_{IC}值在裂纹倾斜角 $\beta=35°$时出现转折，$\beta=35°$的斜裂纹角度是转折角。这个规律同裂纹倾斜角度对 K_{IC}值影响规律是一致的。

4.6.3　试样加载速率对 K_{IC}值影响的比较

保持试验温度不变，对不同斜裂纹角度试样利用两种方法得到加载速率和 K_{IC}的关系如图 4.41～图 4.43 所示。

从图 4.41～图 4.43 可以看出，随着试验温度的降低、随着裂纹倾斜角度的增加，两种方法得到的断裂韧度 K_{IC}值都是呈对数规律增大的。但是，仍然在加载速率小于 $\dot{P}=10$mm/min 时 K_{IC}随着加载速率的增加增长较快，而加载速率大于 $\dot{P}=$

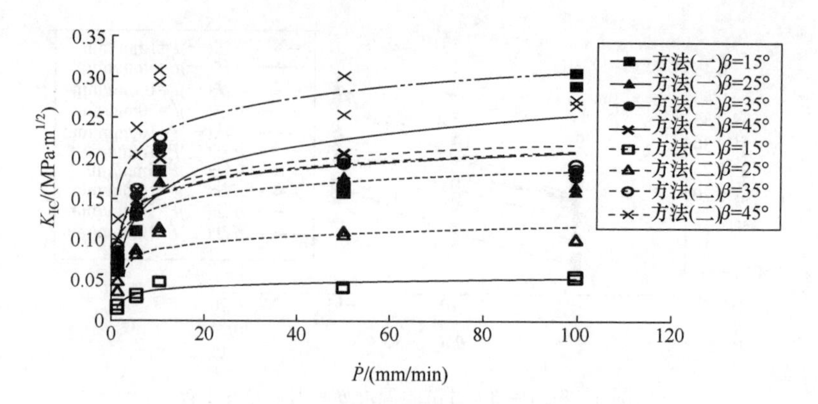

图 4.41　−5℃时加载速率 $\dot{P}$ 和 K_{IC} 关系比较

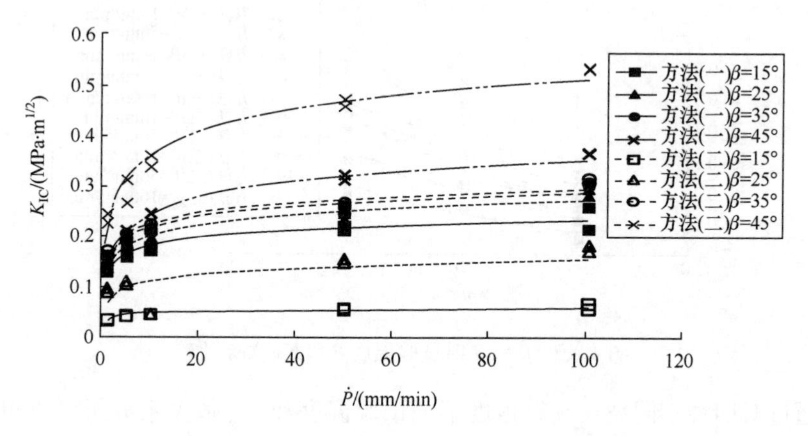

图 4.42　−10℃时加载速率 $\dot{P}$ 和 K_{IC} 关系比较

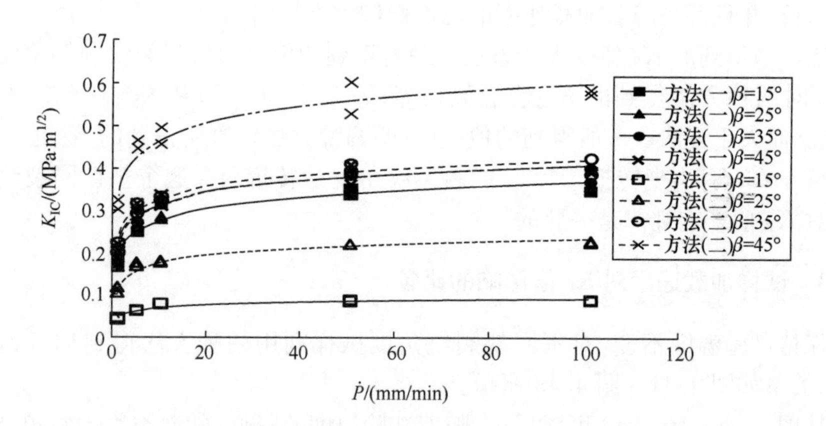

图 4.43　−15℃时加载速率 $\dot{P}$ 和 K_{IC} 关系比较

10mm/min以后,则随着加载速率的增加K_{IC}值变化不明显,说明此时加载速率对断裂韧度K_{IC}值的影响已经不太敏感了。同时,还是在$\beta=35°$时方法(一)和方法(二)的K_{IC}值出现了转折。

4.7　原状冻土的压缩试验

在实际的冻土工程问题中常有建筑物对冻土地基产生垂直压力的作用而导致冻土地基因受压而产生破坏。因此,分析和评价原状冻土在荷载作用下的强度对冻土地区的地基设计及计算人工冻结法开挖的竖井和基坑的冻土墙强度等具有重要的意义。

4.7.1　试验设计

在实验室采用以往原状冻土压缩试验方法[89],对与弯曲试验相同的沈阳地区原状冻土进行压缩试验,进而得到该类土质的抗压强度值。

4.7.2　试样制作

在现场利用弯曲试验原状冻土的取土方法于相同层位人工凿取试验所需试样毛坯,然后将取出的土块立即用塑料布及保温材料包裹,快速运送到试验场地。在与试验温度相同的地温环境中利用钢锯人工切割成长、宽、高分别为0.08m、0.08m和0.16m的光滑待测试样,如图4.44所示。最后,同样将切割好的试样迅速用塑料薄膜包好、编号并测量试样尺寸,放入保温箱中恒温至少24h,以保证试样的温度变化规律及条件与实际未开挖时的原状冻土的变化规律及条件一致,同时防止温度和水分的散失。

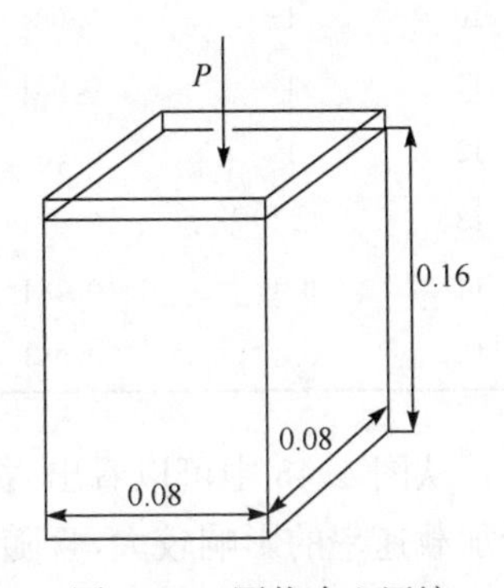

图4.44　原状冻土压缩试样(单位:m)

4.7.3　试验装置

同翼型裂纹压缩试验一样,采用在500kN的CSS—2250电子万能压力试验机上进行,加载速率由试验机自动设定控制,利用恒温冷浴严格控制试验温度,精确控温误差在±0.1℃。加力点处力和位移信号由计算机采集后进行自动处理,绘出P-V曲线。

4.7.4 测试结果

保持与现场相同的含水率，并控制试验时的温度为－15℃，改变加载速率来进行试验，结果如表 4.8 所示。

表 4.8 原状冻土压缩试验结果

编号	$\dot{P}$/(mm/min)	L/m	W/m	H/m	P_{max}/kN	σ_c/MPa
1	250	0.081	0.081	0.163	60.00	9.15
2	250	0.082	0.081	0.162	54.24	8.16
3	250	0.082	0.082	0.162	74.05	11.01
4	100	0.079	0.082	0.159	53.52	8.26
5	100	0.083	0.082	0.166	59.21	8.67
6	100	0.079	0.082	0.164	43.72	6.75
7	10	0.082	0.081	0.162	45.21	6.81
8	10	0.081	0.078	0.145	32.52	5.21
9	10	0.081	0.082	0.164	42.88	6.46
10	1	0.081	0.084	0.161	39.26	5.77
11	1	0.081	0.084	0.160	30.31	4.46
12	1	0.081	0.084	0.162	29.66	4.36
13	0.1	0.081	0.084	0.162	22.72	3.33
14	0.1	0.081	0.084	0.161	28.96	4.26
15	0.1	0.081	0.084	0.159	15.55	2.29

从图 4.45 中可以看出，在试验温度为－15℃时，原状冻土受压后其抗压强度受加载速率的影响较大，且随着加载速率的增大呈对数规律增大。即有如下关系：

$$\sigma=0.7412\lg(\dot{p})+4.8289, r=0.92 \tag{4.16}$$

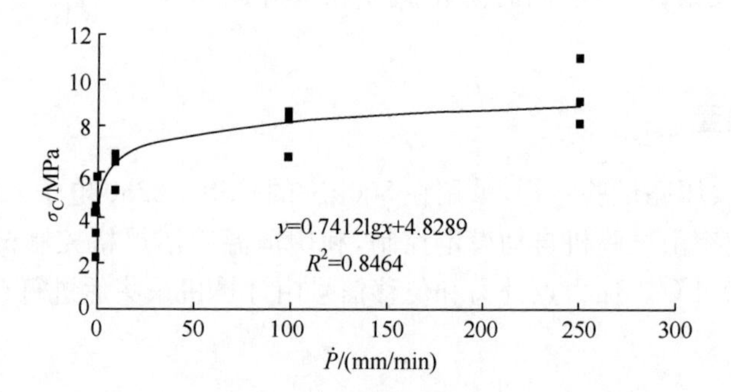

图 4.45 原状冻土加载速率同抗压强度关系

从图 4.45 中可以将抗压强度对加载速率的敏感度大致分为两个范围：当 $\dot{P}>$ 10mm/min 时，随着加载速率的增大冻土试样的抗压强度增长得比较缓慢，说明了此时冻土材料处于塑性状态，表现出连续体的特征；而当 $\dot{P}<10$ mm/min 时，则随着加载速率的增大冻土试样的抗压强度迅速增长，并接近该类冻土的最大抗压强度值，这说明冻土材料处于线弹性的脆性阶段，表现出脆性材料的特性。该类冻土的这一特性与以往冻土的压缩强度试验的规律完全一致[2]。

4.8 小　　结

本章主要针对冻土翼型中心斜裂纹试样进行了压缩断裂韧度测试研究。分别就其在不同的斜裂纹倾斜角度、试验温度及加载速率下进行试验，并获得了两种压缩断裂模型的断裂韧度值，同时还讨论了压缩断裂韧度与裂纹倾角、冻土温度及不同加载速率的关系。由这些结果可以看出：

(1) 无论哪种断裂模型，断裂韧度值都是随斜裂纹倾角的增大而增加，说明了倾角越大，其抵抗断裂破坏的能力越大，当倾角达到 90°时，这时裂纹处于闭合状态。

(2) 断裂韧度随温度的降低而增加，且对温度的变化比较敏感。断裂韧度随加载速率的变化只在低速率时比较明显，而在较高的速率时，断裂韧度值变化平缓，说明此时其对加载速率的变化不敏感。

(3) 方法(一)与方法(二)的结果都在 $\beta=35°$ 时发生转折，即 $\beta<35°$ 时，方法(一)的结果要大于方法(二)的结果；而当 $\beta>35°$ 时，方法(一)的结果则小于方法(二)的结果。因此，$\beta=35°$ 是具有重要意义的参数值。

(4) 证明了该种断裂试样裂纹开裂的走向，即开始阶段裂纹垂直于初裂纹，而后，裂纹的走向与主应力平行，如此断裂过程，可通过进一步地作微观分析提供依据。

此外，还对沈阳地区的原状冻土在不同加载速率下进行了无裂纹试样的压缩试验，得出在−15℃时随着加载速率的变化其抗压强度的变化规律，为今后的实际工程提供了依据。

第5章　冻土非线性断裂破坏的胶结力裂纹模型及其特征值计算

各种材料非线性破坏机理及模型的研究，早已受到国内外学者的关注。早在1962年，Barenblatt[179]提出一种金属材料弹塑性破坏的简化模型，称为吸附力模型，可以计算简单情况和裂纹尖端应力场和位移场。几乎与此同时，Dagdale[180]在1960年提出了条形塑性区简化模型，由于采用Muskhelishvili复变函数方法进行了推导，故形成了著名的D-M模型。对混凝土材料的断裂破坏，Hillerborg等[164]在1976年提出了虚拟裂纹模型（fictitious crack mode，FCM），用以分析混凝土裂纹发展与断裂的过程；在冰体材料，Ashby和Hallam[181]在1986年给出了冰体压缩破坏的理想化二维模型，Sanderson[182]在1988年应用这个模型对冰体压缩破坏问题进行了深入的研究；在岩石断裂力学研究方面，Whittaker[162]等在1992年在研究了断裂过程区的基础上，提出了黏聚力裂纹模型，可以对岩石断裂破坏的非线性过程进行分析。

从20世纪80年代开始了冻土断裂力学的研究，先后开展了冻土断裂韧度的测试研究[147,150]和冻土断裂力学基本理论研究，特别是对冻土脆性破坏进行了深入研究，并开展工程应用研究[2]。然而大量的研究表明，由于冻土形成是水、热、力耦合过程，其本质是非线性的[79]，具有明显的非线性特征。由冻土应力-应变曲线可以看到曲线只有很短的初始直线段，表明冻土是弹性阶段，随后的曲线就明显地呈非线性上升，直到最大荷载，然后曲线开始缓慢下降，即进入软化阶段，这表明了冻土的塑性和黏性。由激光散斑法观察发现，当荷载达到一定值时，在冻土内的主裂纹（由几条微裂纹汇集而成）前端存在一个微裂纹损伤区（相当于金属材料的塑性区），随着荷载继续增加，裂纹扩展是以微裂纹损伤区为先导的，微裂纹损伤区的发展变化过程区，就是冻土的断裂过程区。上面提到的软化现象就是和断裂过程区密切相关，即在断裂过程区内存在有若干矿物颗粒的连接或冰体的胶结作用等造成的桥连作用，有一定的传力能力，起到裂缝闭合的作用，称为黏聚力。正是这个黏聚力的作用造成冻土的非线性特征，因此，传统意义上的线性断裂力学理论已不适用于冻土，建立适合冻土非线性断裂模型是研究冻土破坏问题的基础。基于此，本项研究将建立一种新的冻土线性断裂模型，即认为冻土断裂破坏过程为线弹性段和断裂过程区段（非线性过程）的综合过程，线性段用线弹性断裂理论分析，断裂过程区段考虑在裂纹两侧作用有黏聚力，其作用有使裂纹闭合趋势的桥联效应，是冻土非线性特性的主导过程。因此，近年来又开展了冻土非线性破坏的研究，进行原状土非线性断裂韧度的测试[183]，非线性基本理论及计算方法研究则刚刚起步。

在本章里，首先对冻土微裂纹形貌、演化规律以及微裂纹尺度大小进行了识别与确认，将其主裂纹视为初始裂纹。在荷载的作用下，描述了冻土破坏的演化过程，在其初始裂纹前端存在微裂纹损伤区，并对微裂纹损伤区的大小及形态进行了定性和定量分析，在一定条件下，可将微裂纹损伤区的大小转化为当量裂纹，作为断裂力学中的裂纹扩展量。然后在借鉴其他研究工作的基础上，根据试验研究的结果，进行了冻土非线性断裂破坏的特征研究，提出了非线性胶结力裂纹模型，分别讨论了张拉型破坏和压缩破坏的胶结力模型，给出了冻土非线性破坏的过程及特征参数进行定量计算与分析公式，为后面的冻土试样的模拟计算打下基础。

5.1 冻土微裂纹尺寸的观测与识别

冻土是多相复合材料，具有自身组构的极不均匀性，从而在土体内产生了各种缺陷和裂隙，如土体的孔穴、冰晶体中的微裂隙及土颗粒与冰晶间的不稳定接触形成的薄弱点等，统称为冻土中的微裂纹。微裂纹的存在，在宏观上制约着冻土的力学特性和变形行为，因此，对微裂纹形貌、演化规律以及微裂纹尺度大小识别与确认，是冻土力学的一个重要内容。

近年来，逐渐把断裂力学准则和方法引入冻土力学的研究中，并建立和提出了冻土广义强度破坏的准则[2]。当应用该准则对冻土破坏过程和行为作定量评价时，确认冻土中的微裂纹尺寸正确与否尤为重要。关于冻土中微裂纹的研究，从宏观到细微观已做了相当多的工作，但大多数还停留在定性分析的层次上，而广义强度破坏准则提出了定量的要求，因此，在本章中着重讨论冻土中微裂纹尺寸的定量识别与确认的分析方法。

5.1.1 冻土中微结构的观测与微裂纹识别

对冻土微结构已进行了较多的试验和观测研究，为冻土微裂纹的识别提供依据。张长庆等进行了不同应力和作用时间对微结构影响的观测研究[184]，得到高应力水平短历时作用，具有脆弹性特性，清晰可见微裂纹，其尺寸可长达 800～1000μm，宽为 20～60μm，而且裂纹具有分岔、转向及次裂纹萌生等现象；低应力水平长历时作用，显黏塑性，微裂纹尺寸较小，一般不及 10μm，属于早期萌生孤立裂纹。马巍等对围压作用下的冻结砂的微结构进行观测分析[158]，给出了不同围压下的微结构特征。在围压作用下土颗粒产生位错，围压增大，颗粒破坏程度明显增加，由于孔隙中胶结冰受挤压，导致矿物颗粒周围出现絮状褶皱，甚至在低应变速率下产生明显微裂隙。刘增利、李洪升进行了冻土微结构变化的动态过程研究[185]，冻土压缩的动态过程包括压密阶段，局部变形和破坏阶段，各阶段的微结构是不同的。可以看出冻土内首先在薄弱部位如冰晶体内、冰与矿物颗粒接触点（面）等产生微裂隙和孔洞，随荷载增加，微裂隙继续增多，并开始汇聚、扩展直至破坏。

通过以上的观测结果可以看到，无论什么样的加载形式，冻土中都产生微裂纹，只有足够大围压侧限才能抑制裂纹。应力水平、作用时间和温度等的变化，引起了冻土变形机制和性能形态的变化，同时也影响微裂纹演化过程的差异。

图 5.1 给出了冻土中冰体形成机理的示意图，可见当土中温度达到水的结冰温度，冻土中水形成孔隙冰与土颗粒胶结在一起形成整体状结构[图 5.1(a)]。随着温度继续降低和水分迁移，孔隙冰推开土颗粒在水平方向形成冰透镜体（垂直热流方向），从冻土微结构角度把冰透镜体和其他冰侵入体一起统称为冰层[图 5.1(b)]，冰层由冰晶组成，随着温度降低，冰层厚度增加。由于冻结条件的变化，冻结锋面向前移动；又将在适当的位置形成一个新的冰层，这已被多次观测结果所证明。

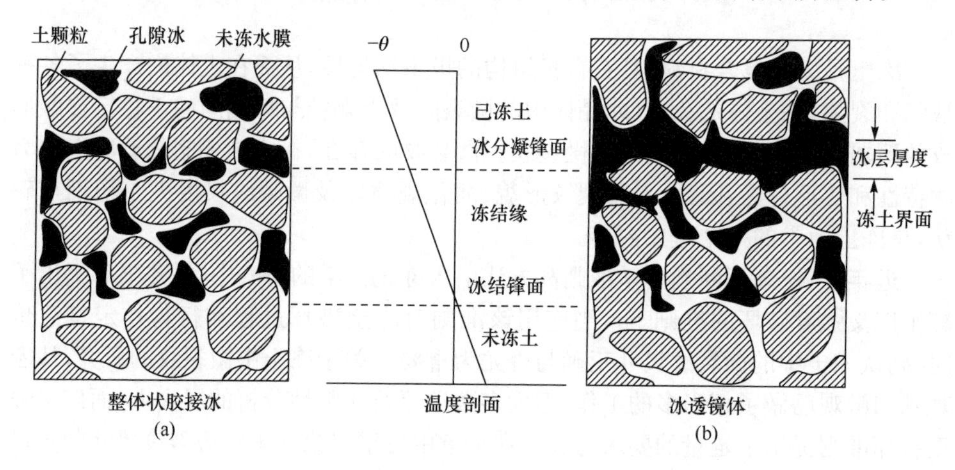

图 5.1　冰透镜体（冰层）形成机理示意图

徐学祖、邓友生对兰州黄土进行了单向冻结室内试验研究[186]，结果表明，随着温度降低，冻深增加，冻土土柱的纵剖面从上到下分为 4 个构造带：整体状构造带，有少量的孔隙冰；纤维状构造带，冰层厚 0.2～0.5mm，间距 1～2mm；薄层状构造带，冰层厚 3～5mm，间距 3～5mm；冻结缘带，粒雪状冰晶。纵观冻土的纤维和薄层状构造带，可看见其中有许多垂直冰条带，自上而下呈根须状分布。Konrad[187]使用计算机控制进行了等温变率试验，用 X 射线摄影技术确定不同土质在不同冻结时间内的冰层厚度和间距。结果表明，冻土中分凝冰的取向一般是指向热流方向，一维水平地表冻结冰层是水平的。所有冻胀灵敏性的土在受到非稳定冻结时，都存在一个冰-土结构带，这个结构带的行为特性与冰层厚度和间距依赖各种参数：土的类型、未冻水含量、外加荷载和冻结条件。一般说来，在一维冻结条件下，黏土冰层厚度较薄且间距较小，通常为曲线形式；而砂土相对具有较厚的冰层和较大的间距，并且相对平直[188]。

综合以上的研究结果，可以得出如下的两点结论：

（1）冻土微结构的最大特征是冰晶体的生成，使矿物颗粒与冰晶之间产生分聚作用。土体冻结过程受土质、温度、水分和应力等要素的影响，使冻土中出现了不同的成冰过程，如冰透镜体和多晶体冰晶等冰侵入体，并形成厚度不同的冰层，使冻土体成为层状结构。按照冰层厚度不同可分：冰层厚度≤1mm 为微层状，冰层厚度≤3mm 为薄层状，冰层厚度＞3mm 为厚层状结构。由于冰的断裂强度远比矿物颗粒低，因此，冻土中微裂纹主要发生在冰与矿物颗粒两者的接触点（面）处和冰晶体内。

（2）在一维冻结条件下，对各种土质，随着温度的降低，冻土中的冰层厚度增大，冰层间距也增大；对于不同的土质类型，冰层厚度和间距也不同，一般说来，黏土冰层厚度较薄且间距小，砂土冰层较厚且间距较大，粉土则居中。

5.1.2　冻土中微裂纹尺寸的确认

了解冰体材料微裂纹尺寸的确认方法，可为冻土材料微裂纹尺寸的确认提供参考依据。大量的试验证明，冰体内存在大量微裂纹，冰体受力的过程就是微裂纹形核、集结与扩展的过程，对冰体微裂纹尺寸的确认已经有了初步的结果[189]：①微裂纹的长度：集结裂纹长度 a 与冰粒直径 d 成比例，并遵循近似的关系 $2a=0.65d$，已从理论基础方面证明这一关系的正确性，同时它与试验数据相吻合；②微裂纹的密度：微裂纹出现的密度也与粒径有关，对较大的粒径（$d>5$mm），大约每颗晶粒会有一条裂纹；③微裂纹的取向：围绕着应力主轴群集着一定方向的集结裂纹，裂纹面与应力主轴夹角的平均角度约为 23°，标准差为 17°，其中约 90%在压缩主轴 45°角内取向。

对于冻土，已经认识到其中的微裂纹主要存在于冰晶体内部和土颗粒与冰晶体的接触界面上，也就是说冰晶体和界面是产生裂纹的源泉。又因为冰体粒径尺寸和界面长度分别依赖于冰层厚度和冰层间距，因此，可依据冻土中的冰层厚度和界面长度来确认冻土中的微裂纹尺寸。冰层中的裂纹和界面的裂纹是随机分布的，最不利的情况是冰层引起裂纹和界面裂纹连通一起的情况。如果把冰层（多个冰晶的组合）引起的裂纹称为冰晶裂纹，把界面引起的裂纹称界面裂纹，则冻土中最不利的裂纹尺寸是冰晶裂纹和界面裂纹的总和。据此做如下的具体分析：

（1）冻结黏土的微裂纹尺寸。根据观测结果表明[188]，当温度较低，快速冻结条件下，水分迁移不充分，原位水冻结，形成微薄层冰或薄层冰；只有当冻结速率较慢的条件下，且水分迁移充分时，才形成连续且较厚的冰层。本章讨论的是冻结速率较慢的情况，这种情况更符合冻土工程的实际。同时，应该指出的是较慢冻结速率条件下,随着温度降低冰层厚度增加,在－1℃左右时,属微薄层冰,在－4～－2℃时为薄层冰,在低于－5℃时为厚层状冰。以－5℃为例,冰层厚度为2～4mm,若冰晶尺寸d=3mm,依冰体材料裂纹尺寸确认的结果,则冻土中由冰晶产生的裂纹尺寸为$2a_1$=0.65×3mm≈2mm。这个结果没有考虑冰层中裂纹间相互作用影响,如果考虑这个作用,依据裂纹间相互作用原理,可把相近的两个裂纹合并作为一个裂纹处理,则由冰晶产生的裂纹尺寸为a_1=2mm。下面考虑界面裂纹,在形成冰层的同时,冰层下面的冻土层的土颗粒之间也充满了胶结冰,则冰与土颗粒接触界面即为易产生裂纹的薄弱区。在一般情况下,冰与土颗粒接触界面是无序分布的交错排列,见图5.1(b)。最不利的情况是沿土层纵向界面相连形成冰条带[190],这个冰条带与多个土颗粒形成最大界面长度相当于冰层之间的距离,在这种最不利的情况下,界面裂纹长度a_2与冰晶裂纹长度a_1是一致的,则总的微裂纹长度为$a=a_1+a_2$=4mm。对其他温度下的微裂纹尺寸做类似的分析,结果均列于表5.1中。

表5.1 冻结黏土中不同温度下的微裂纹尺寸

温度/℃	冰层厚度 h/mm	冰晶尺寸 d/mm	冰晶裂纹长度 a_1/mm	界面裂纹长度 a_2/mm	总裂纹长度 a/mm
－3	1.5～1.7	1.5～1.6	0.98～1.04	0.98～1.04	1.96～2.08
－5	2.0～4.0	2.0～3.0	1.30～1.95	1.30～1.95	2.60～3.90
－7	3.0～5.0	3.0～4.0	1.95～2.60	1.95～2.60	3.90～5.20
－10	5.0～7.0	5.0～6.0	3.30～3.90	3.30～3.90	6.60～7.80

(2) 冻结砂土的微裂纹尺寸。饱水砂土在单向冻结条件下,处于排水状态,不能形成厚层冰。但在反复冻融条件下,由于真空渗透机制产生水分迁移并形成冰层,外界水分补给,使真空渗透机制得以充分发挥,当冻融界面保持在某一位置不变时,可形成厚冰层,这已被试验结果证实[187,188]。对于砂土的冰层厚度可通过相对含冰量来评价。三种典型土质:砂土、粉土和黏土的相对含冰量列于表5.2[54]。从表中结果可以看出:对各类土质均随温度降低而含冰量增加,即随温度降低,土体中总的冰层厚度增大;土质不同含冰量也不同,含冰量由多至少的顺序是砂土、粉土和黏土。

表5.2 不同负温下冻土中相对含水量

温度/℃	砂土 (ω=11%～12%)	粉土 (ω=21%～22%)	黏土 (ω=30%～31%)
－0.5	0.95	0.31	0
－1.0	0.97	0.43	0
－2.1	0.97	0.53	0.20

续表

温度/℃	砂土 (ω=11%～12%)	粉土 (ω=21%～22%)	黏土 (ω=30%～31%)
−3.0	0.97	0.55	0.30
−4.5	0.97	0.56	0.33
−10.5	0.99	0.66	0.43
−15.2	1.00	0.66	0.49

从表 5.2 可以看到，冻结砂土在不同温度下，其含冰量增加幅度不同，当温度 $\theta=-3$℃时，含冰量是黏土的 3 倍；当 $\theta=-5$℃时，约是黏土的 2.5 倍；当 $\theta=-10$℃时，约是黏土的 2 倍。当 $\theta=-7$℃时，取增加倍数为 2.4。按照对黏土中微裂纹尺寸的分析方法，在相同的温度下，随着含冰量的增加，当 $\theta=-3$℃，砂土微裂纹尺寸为黏土的 3 倍，即 $a=5.88\sim6.30$。其裂纹尺寸也相应增大相同的倍数，其结果列于表 5.3 中。

(3) 冻结粉土的微裂纹尺寸。从表 5.2 看到，温度为 −10～−3℃时，粉土含冰量约为黏土的 1.8～1.5 倍，同样按照对砂土中微裂纹尺寸的处理方法，在相同温度下，其裂纹尺寸也扩大相应的倍数，其结果见表 5.3。

表 5.3　不同土质不同温度下冻土中微裂纹尺寸　（单位：mm）

土质		温度/℃			
		−3	−5	−7	−10
季节性冻土	黏土	1.96～2.10	2.60～3.90	3.90～5.20	6.60～7.80
	粉土	3.50～3.78	4.42～6.63	6.42～8.32	9.90～11.70
	砂土	5.88～6.30	6.50～9.75	9.36～12.50	13.20～15.60
多年冻土		按相同土质和温度取增大系数 K：$\theta\geqslant-3$℃，$K=4\sim5$；$\theta=-7\sim-5$℃，$K=3\sim4$；$\theta<-7$℃，$K=2\sim3$			

(4) 冻土微裂纹的修正。以上讨论的均是季节冻土，对于多年冻土，其冰晶体比季节冻土的冰晶体大得多，最大可达 13～24 倍[54]，如果按一般情况可达 5～10 倍。如此，当处理多年冻土问题时，其裂纹尺寸比季节冻土还要大些，对相同土质和相同温度可取季节冻土的 2～5 倍。其具体处理为：$\theta\geqslant-3$℃时，相应的增大系数 $K=4\sim5$；当 $\theta=-7\sim-5$℃时，增大系数 $K=3\sim4$；当 $\theta<-7$℃，相应的增大系数 $K=2\sim3$。由于冻土环境条件及冻土自身的复杂性，给冻土的微裂纹的确认带来很大的困难，表 5.3 中给出的裂纹尺寸是在大量观测结果分析得到的，但在具体应用时还要考虑具体的条件加以修正。

5.2 冻土裂纹尖端微裂纹损伤区形貌测试分析

对于一些准脆性材料如混凝土、岩石等，其断裂过程并不像脆性材料那样简单，都有一个微裂纹萌生、发展、串联成为宏观裂纹直至最后失稳断裂这样的过程，如混凝土在断裂时，裂纹尖端存在断裂过程区，其断裂破坏过程的描述如图 5.2和图 5.3 所示。

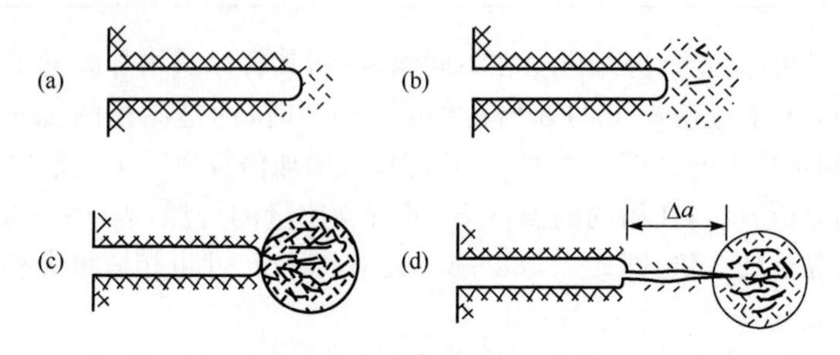

图 5.2 试样不同荷载的 MDZ 区形貌

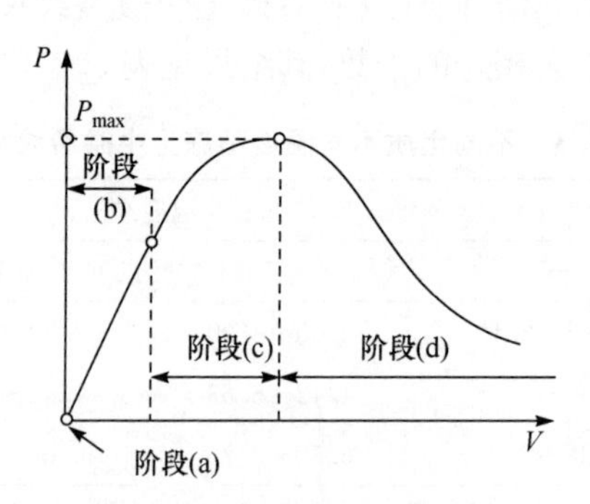

图 5.3 P-V 曲线及个阶段

将图 5.2 和图 5.3 的测试结果结合起来分析 FPZ 区形成的过程。

(1) 初始裂纹加工阶段[图 5.2 和图 5.3(a)]：形成初始裂纹。

(2) 弹性阶段[图 5.2 和图 5.3(b)]：试样在低水平加载，P-V 曲线可用线性关系描述，材料是弹性的，裂纹尖端有部分新裂纹出现，表现为裂纹密度增大，但大都是孤立存在。

(3) FPZ 区形成阶段[图 5.2 和图 5.3(c)]：试样在高应力水平作用下，P-V 曲线明显呈非线性，大量新裂纹产生，且与原裂纹贯通和交叉，裂纹密度达到临界值，MDZ 区完全形成。

(4) 软化阶段[图 5.2 和图 5.3(d)]：荷载缓慢增加并趋于最大值，P-V 曲线开始下降(软化)，微裂纹扩展并出现宏观裂纹(Δa)，同时可听到声音发射出。冻土是多相体复合材料,其内部存在着空穴、孔洞及冰体与土颗粒的薄弱接触面等,这些统称为冻土的初始微裂纹。冻土在外荷载的作用下,与混凝土、岩石相似,首先由这些初始的微裂纹发展为微裂纹损伤区,然后串接为宏观裂纹,再由宏观裂纹演化为最后的失稳裂纹,这一发展过程称为冻土的断裂破坏过程。了解断裂过程才能阐明裂纹的演变史,才能表达荷载环境氛围与材料断裂的因果关系[177]。当用断裂力学理论和方法研究冻土的破坏过程时,更需要了解微裂纹损伤区的形状与大小,以便建立更合适的冻土断裂破坏模型。

5.2.1　微裂纹损伤区观测试验

当对冻土进行非线性断裂分析时,需要了解冻土非线性断裂破坏的过程和特征,以便建立适合的断裂模型。由于冻土材料的特殊性,以及对测试环境条件的低温要求,采用一般的测试方法均有困难。20 世纪 70 年代发展起来的激光散斑干涉法,具有非接触和无损测量的优点,可用于实物测量,且灵敏度高,根据采用的分析技术可给出逐点和全场的信息。

激光散斑扫描技术自 1973 年 Hounsfield 发明以来,首先用于医学领域,在 20 世纪 90 年代后期,我国将 CT 引入岩土体结构的检测之中,取得了一系列研究成果。利用 X 射线穿透物体某断面进行螺旋扫描,并收集 X 射线经过断面不同物质衰减后信息,再对收集到的信息进行处理,从而得到断面上所有物质点的 X 射线吸收系数值,并形成一幅物体断面的数字图像。CT 机重建图像的依据是探测器收集到的射线强度,所有影响该射线强度的因素在扫描过程中都必须相同才能使扫描结果具有可比性(图 5.4)。

图 5.4　CT 机照片

武建军研究了冻土位移的白光散斑照相测量,梁承姬等进行了激光散斑法对冻土微裂纹形貌和发展过程的研究,共试验三组试样,得出基本相同的结果。本章就其中一组试样的结果进行分析,为建立冻土非线性断裂破坏模型提供依据。

1. 试样制备

将含水量一定的土装入 100mm×100mm×300mm($B\times H\times S$)的模具中，分三层压实，并在试样中部预制初始裂纹，其长度为 $0.4H$，放入冷库中冻结 24 小时，取出脱模，并在原始裂纹基础上，再用铝丝锯预制 5mm 长的尖裂纹，使裂纹总长度接近 $0.5H$，裂纹尖端曲率半径 $\rho\leqslant0.1$mm。然后用塑料袋封好，放入恒温箱内进行恒温 24h。共制备三个试样，编号为 I、II、III。

2. 试验结果

试验用三点弯曲装置，模拟张拉型裂纹受力状态，逐级连续加载。采用二次曝光方法，获取每个试样不同加载时刻的散斑图。对每个时刻的散斑图进行扫描[191]，并在网格坐标上绘出各点位置，从而得到每张散斑图的微裂纹损伤区的轮廓图，即为对应每一级荷载的微裂纹演化图。三个试样的结果，得出的规律是一致的，因篇幅所限，以下只取一个具有代表性的试样作具体分析。

图 5.5 给出了 III 号试样在不同荷载下的部分微裂纹损伤区的形貌和发展过程。结果表明，冻土失稳断裂破坏前存在裂纹的一个长期稳定发展的过程，缓慢扩展的原因是材料初始损伤的累积的结果。对冻土材料，在稳定发展过程中存在一个微裂纹损伤区，该区随荷载的增加而发展为宏观裂纹，裂纹扩展直至破坏。

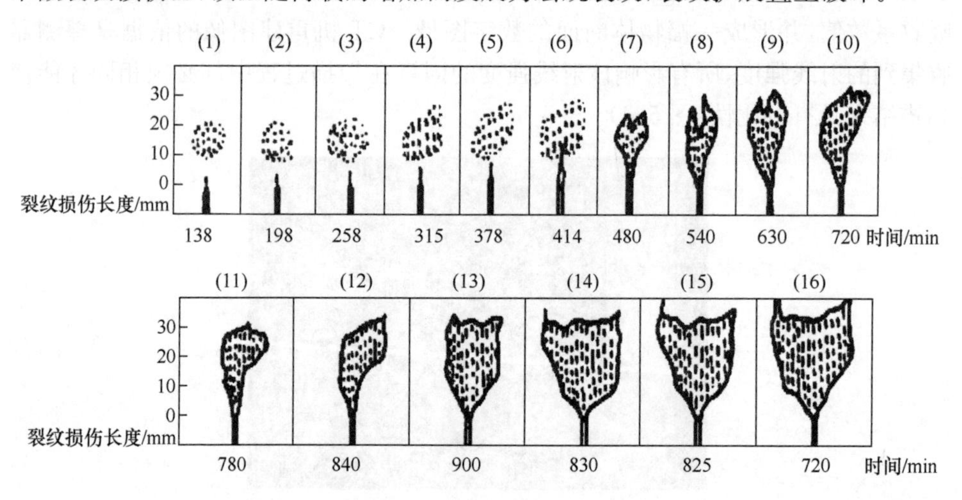

图 5.5 冻土微裂纹损伤区的发展过程及形貌

5.2.2 微裂纹损伤发展过程分析

在图 5.5 中对应每一个荷载的微裂纹轮廓可以测试其名义尺度(d)，并描绘出荷载与微裂纹名义尺度曲线，即 p-d 曲线，如图 5.6 所示。

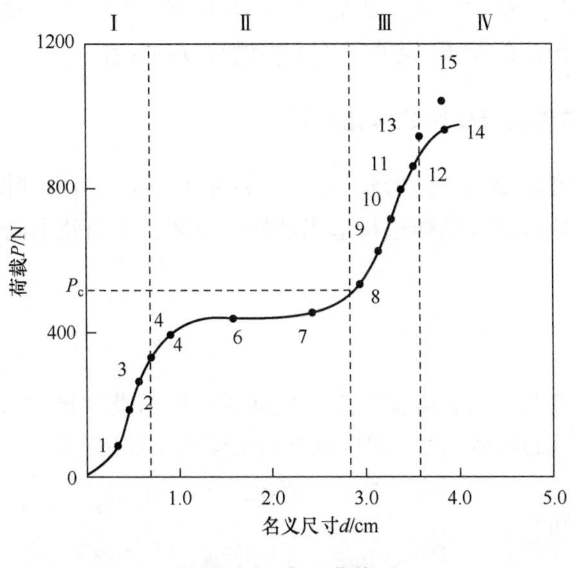

图 5.6　p-d 曲线

从 p-d 曲线可以看出，曲线按其拐点分为四个阶段：I、II、III、IV 段。图中的点号(1,2,3,…)与图 5.5 中的微裂纹演化过程的排号相对应。将这些点与其对应的微裂纹演化发展图联系起来，可以进一步了解冻土微裂纹损伤的发展过程。

I 段：微裂纹发生阶段(孕育期)，微裂纹只张开而不扩展，其表征是线损伤。微裂纹发生区相当于金属材料的塑性区，其尺寸远小于初始裂纹尺寸。

II 段：多个线损伤同时发生，并向纵横发展，即由线损伤向面损伤发展，形成微裂纹弥散分布的微裂纹损伤区。微裂纹损伤区的存在是混凝土、岩石、冻土一类材料所特有，该区的尺寸与初裂纹尺寸相当。

III 段：损伤区弥散分布的微裂纹聚集与汇合，宏观裂纹形成并缓慢扩展，裂纹长期稳定发展过程主要就是指这一阶段。

IV 段：在荷载作用下出现宏观主裂缝并快速断裂，是裂缝快速断裂破坏阶段。p-d 曲线有两个转折点，第一个转折点(I、II 段之间)表征由线损伤向面损伤发展，表明微裂纹损伤区的形成。该点对应的荷载极限值 P_C，这意味着低于此极限值；微裂纹发生但只张开不扩展；超过此极限值，则产生弥散分布的微裂纹，即形成微裂纹损伤区。第二个转折点(II、III 之间)表明宏观裂纹开始形成，该点对应的荷载称为起裂点荷载 P_C。P_C 也是一个荷载极限值，它意味着达到这个极限值，微裂纹损伤区中的微裂纹已聚集和汇合成宏观裂纹；超过这个极限值，裂纹开始缓慢扩展。由上述分析可以再一次表明：冻土微裂纹损伤区的存在(对应于上述第 II 阶段)。损伤区表征了微结构与微裂纹的信息，为理论计算提供了依据。

徐学祖、邓友生[186]开展了冻结土层结构构造变化研究；王家澄和王玉杰[190]

进行了细观结构试验研究。上述研究均从细观尺度上对冻土中裂纹的形态及发展规律得出一些有价值的结果，说明了冻土中微裂纹的存在。

5.2.3 冻土的微裂纹损伤区的理论计算

确定冻土微裂纹损伤区的形状和大小，关键在选择适当的判据和准则，就像确定金属材料的塑性区尺寸那样选择适当的屈服准则。下面就不同的破坏准则进行讨论。

1. 莫尔准则

大量试验研究及现场观测证实冻土破坏规律服从莫尔准则，即土体中某点的剪应力 τ 达到该点的抗剪强度 τ_f 时，该点的土体损伤发生，则有

$$\tau=\tau_f \tag{5.1}$$

由材料力学知

$$\sigma=\frac{\sigma_1+\sigma_2}{2}+\frac{\sigma_1-\sigma_3}{2}\cos(2\alpha) \tag{5.2}$$

$$\tau=\frac{\sigma_1-\sigma_3}{2}\sin(2\alpha) \tag{5.3}$$

又由断裂力学可知裂纹尖端应力场为

$$\sigma_1=\frac{K_\mathrm{I}}{\sqrt{2\pi r}}\cos\frac{\theta}{2}\left(1+\sin\frac{\theta}{2}\right) \tag{5.4}$$

$$\sigma_2=\frac{K_\mathrm{I}}{\sqrt{2\pi r}}\cos\frac{\theta}{2}\left(1-\sin\frac{\theta}{2}\right) \tag{5.5}$$

$$\sigma_3=\begin{cases}0, & \text{平面应力}\\ \nu(\sigma_1+\sigma_2), & \text{平面应变}\end{cases} \tag{5.6}$$

(1) 在平面应力状态下，裂纹尖端的微裂纹区尺寸及形状计算因 $\sigma_3=0$，所以有 $\tau=\frac{\sigma_1}{2}\sin(2\alpha)$，将式(5.4)代入，有

$$\tau=\frac{K_\mathrm{I}}{2\sqrt{2\pi r}}\cos\frac{\theta}{2}\left(1+\sin\frac{\theta}{2}\right)\sin(2\alpha) \tag{5.7}$$

当 $\alpha=\frac{\pi}{4}$ 时，剪应力 τ 取得最大值，于是由式(5.1)得

$$\frac{K_\mathrm{I}}{2\sqrt{2\pi r}}\cos\frac{\theta}{2}\left(1+\sin\frac{\theta}{2}\right)=\tau_f \tag{5.8}$$

$$r=\frac{K_I^2}{8\pi\tau_f^2}\left[\cos\frac{\theta}{2}\left(1+\sin\frac{\theta}{2}\right)\right]^2 \tag{5.9}$$

(2) 在平面应变状态下,有

$$\sigma_3=\nu(\sigma_1+\sigma_2)=2\nu\frac{K_{\mathrm{I}}}{\sqrt{2\pi r}}\cos\frac{\theta}{2} \tag{5.10}$$

$$\tau=\frac{\sigma_1-\sigma_3}{2}\sin(2\alpha)=\frac{1}{2}\left[\frac{K_{\mathrm{I}}}{\sqrt{2\pi r}}\cos\frac{\theta}{2}\left(1+\sin\frac{\theta}{2}\right)-2\nu\frac{K_{\mathrm{I}}}{\sqrt{2\pi r}}\cos\frac{\theta}{2}\right]\sin\frac{\theta}{2}$$

$$=\frac{K_{\mathrm{I}}}{2\sqrt{2\pi r}}\cos\frac{\theta}{2}\left(1+\sin\frac{\theta}{2}-2\nu\right)\sin(2\alpha) \tag{5.11}$$

同样取 τ 的最大值,由式(5.1)得

$$r=\frac{K_{\mathrm{I}}^2}{8\pi\tau_{\mathrm{f}}^2}\left[\cos\frac{\theta}{2}\left(1+\sin\frac{\theta}{2}-2\nu\right)\right]^2 \tag{5.12}$$

式(5.9)和式(5.12)中的 r 代表微裂纹损伤区轮廓线,可见 r 除与角度 θ 有关外,还主要依赖于强度因子 K_{I} 和冻土剪切强度 τ_{f}。在平面应力状态下与泊松比 ν 无关;在平面应变状态下的微裂纹损伤区比平面应力状态下的小许多。在 $\theta=0$ 时,平面应力状态下的微裂纹区尺寸比平面应变大 6 倍左右。将两种应力状态下的微裂纹损伤区轮廓线示于图 5.7 中,其中 r_1 相应于平面应力状态,r_2 相应于平面应变状态。微裂纹损伤区轮廓表达式在形式上与金属材料的塑性相似,但却有本质的区别,首先是所用判据不同,前者是损伤判据,后者是屈服判据;其次代表的物理意义不同,前者是表示弥散分布的微裂区域,后者为塑性变形区域,表征着两种材料力学机制的本质区别。

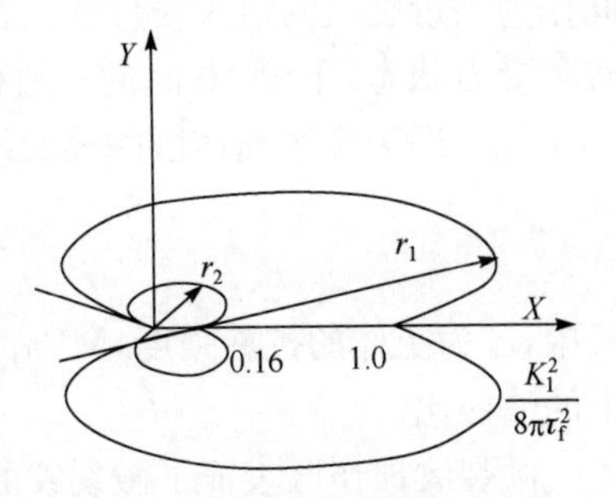

图 5.7　微裂纹损伤区形状和尺寸

2. 最大拉应力准则

试验证明,在荷载作用下冻土中的初始微裂纹尖端首先形成一个小的拉应力区[2],当裂纹尖端某点最大拉应力 $\sigma_{\max}$ 达到冻土的抗拉强度 σ_{f} 时,冻土体该点的损伤发生,即

$$\sigma_{\max}=\sigma_{\mathrm{f}} \tag{5.13}$$

裂纹尖端的最大应力就是 σ_1[式(5.4)],则有 $\sigma_{\max}=\sigma_1$,于是,由式(5.13)可得

$$\frac{K_{\mathrm{I}}}{\sqrt{2\pi r}}\cos\frac{\theta}{2}\left(1+\sin\frac{\theta}{2}\right)=\sigma_{\mathrm{f}} \tag{5.14}$$

由式(5.14)即可得到冻土微裂纹损伤区的轮廓,也就是微裂纹区的边界方程为

$$r=\frac{K_{\mathrm{I}}}{2\pi\sigma_{\mathrm{f}}^{2}}\cos^{2}\frac{\theta}{2}\left(1+\sin\frac{\theta}{2}\right)^{2} \tag{5.15}$$

由式(5.15)与式(5.9)比较可见,由最大拉应力准则确定的断裂过程区形状与莫尔准则确定的形状是相似的,但大小不同。与莫尔准则的不同点是,最大拉应力准则不区别平面应力和平面应变状态。

5.2.4 微裂纹损伤区转化当量裂纹尺寸的计算

如上所述,微裂纹损伤区表征了微裂纹的信息,即冻土在断裂破坏过程存在一个微裂纹损伤,而且这个损伤区尺度与初始裂纹尺寸相当,这样可根据微裂纹损伤区尺寸的计算,来确认冻土中初始裂纹的尺寸,如此为冻土中初始裂纹尺寸的确认提供了理论计算的途径。如果将损伤区作为冻土中的缺陷处理,那么根据断裂力学理论,可以把这种缺陷按"当量化裂纹"处理,即如果缺陷的线尺寸可知时,就把此作为当量裂纹的最大线尺寸。在前面的损伤区计算中,若把平面应变状态(冻土实际受力状态)下 $\theta=0$ 时的 r 值作为损伤区的线尺寸(记为 r_0),则当 K_{I} 值达到 K_{IC}时,r_0 即为裂纹损伤区的最大线尺寸,于是由式(5.12)可得

$$r_0=\frac{(1-2\nu)^2}{8\pi}\left(\frac{K_{\mathrm{IC}}}{\tau_{\mathrm{f}}}\right)^2 \tag{5.16}$$

式中,τ_{f} 为土体的抗剪强度,MPa;K_{IC}为冻土的线性断裂韧度,MPa · $\mathrm{m}^{1/2}$;ν 为冻土的泊松比。

微裂纹损伤区表征了微裂纹的信息,如果将损伤区作为冻土中的缺陷处理,那么根据断裂力学理论,可以把这种缺陷按"当量化裂纹"处理:即把缺陷的线尺寸作为"当量裂纹"的尺寸。因为冻土的实际受力状态属于平面应变状态,则式(5.16)中 r_0 即为微裂纹损伤区最大线尺寸。即依据式(5.16)可计算出"当量裂纹尺寸" a_{s},即 $a_{\mathrm{s}}=r_0$。由于式中的泊松比 ν、断裂韧度 K_{IC}和抗剪强度 τ_{f} 都与温度有关,因此在不同温度下取值不同。例如,在温度为-5℃时对三种不同土质的 ν,K_{IC},τ_{f} 值如表5.4中所列,在-5℃下计算了三种土质的"当量裂纹尺寸" a_{s},也列于表5.4中,并同冻土中裂纹尺寸观测值进行了比较。结果表明,由微裂纹损伤区计算出的当量裂纹尺寸与观测值非常接近,二者误差最大不超过10%。

表 5.4 当量裂纹尺寸与观测值比较(−5℃)

土质	泊松比 ν	抗剪强度 τ_{f}/MPa	断裂韧度 K_{IC}/(MPa · $\mathrm{m}^{1/2}$)	计算值 a_{s}/mm	观测平均值 a_{f}/mm	误差 /%
黏土	0.26	0.70	0.45	3.79	4.0	5.3
粉土	0.12	0.56	0.30	6.60	6.0	10.0
砂土	0.08	1.05	0.60	9.15	10.0	8.5

5.3　冻土张拉破坏的胶结力裂纹模型

Whittaker[162]通过对Dugdale模型的修改，建立了岩石材料非线性断裂模型，称为黏性裂纹模型(cohesive crack model)，这个模型很好地描述了岩石断裂非线性过程。通过对冻土断裂过程的试验研究，表明冻土非线性断裂过程与岩石材料断裂过程非常相似。冻土非线性断裂过程中存在与岩石断裂过程区(FPZ区)类似的微裂纹损伤区(MDZ区)。但是冻土有不同于岩石的特殊性质，其最重要的特点是冻土含有冰晶体，冰体的胶结力具有头等重要的作用，基于以上分析，根据裂纹尖端损伤区的试验观测结果，可以把MDZ区作为假想裂纹处理，并将MDZ区长度作为虚拟裂纹长度，同时考虑虚拟裂纹面上作用有胶结力，如此给出了冻土非线性断裂破坏的胶结力裂纹模型，如图5.8所示。图中$\sigma(x)$为分布的胶结力，δ_t为$x=a+\xi$处虚拟裂纹的张开位移，δ_C为原裂纹尖端的张开位移临界值，σ_t正为材料的抗拉强度。当把MDZ区处理为虚拟裂纹时，总的有效裂纹长度为$a+d$。

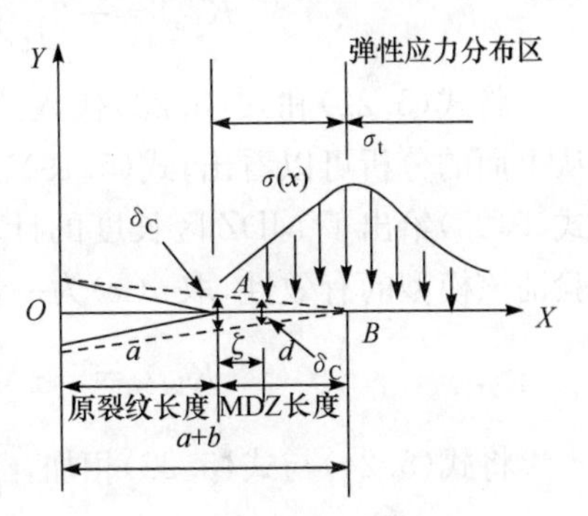

图5.8　冻土胶结力裂纹模型

胶结应力是冻土一类材料所具有的特殊的内力，是引起非线性断裂破坏的主要因素。在MDZ区内存在若干矿物颗粒的连接作用或冰体的胶结作用具有一定传力能力，起到裂纹闭合的作用，称为胶结应力。

胶结应力在虚拟裂纹面上是非线性分布的，它既是沿X轴分布的力即为$\sigma(x)$，又是裂纹尖端张开位移δ_t的函数，可表示为$\sigma(\delta_t)$(图5.8)，则有

$$\delta_t=0,\sigma(\delta_t)=\text{最大值}(=\sigma_t)\;;\delta_t=\delta_C,\sigma(\delta_t)=\text{最小值}(=0) \tag{5.17}$$

式中，δ_C为原裂纹尖端的临界张开位移，是非线性断裂韧度的一个指标值，可通过试验测定；σ_t为材料的抗拉强度。由断裂力学理论，裂纹扩展处的应力由开裂前的值降到开裂后的零值所做的功，即为裂纹扩展单位面积释放出的能量，定义为能量释放率G_I。根据这个原理，对虚裂纹在胶结应力$\sigma(\delta_t)$的作用下，随着张开位移的增加，由最大值降低到零值做的功，就是能量释放率G_I，其表达式为

$$G_I=\int_0^{\delta_C}\sigma(\delta_t)\,d\delta_t \tag{5.18}$$

当裂纹尖端张开位移达到临界值δ_C时，能量释放率G_I也达到临界值G_{IC}，有

$$G_{IC}=\int_0^{\delta_C}\sigma(\delta_t)\,d\delta_t \tag{5.19}$$

式(5.19)中的G_{IC}可由试验测定，据此可依式(5.19)确定胶结应力$\sigma(\delta_t)$的分布。因此，式(5.19)不仅为有限元计算提供依据，而且还可进行断裂过程的非线性分析。

作为一种简化，假定胶结应力$\sigma(x)$是线性分布的，且是x的函数(图5.8)，则有

$$\sigma(x)=\frac{x-a}{d}\sigma_t \tag{5.20}$$

根据虚拟裂纹的概念，在裂纹尖端处应力具有有限值(应力奇异性不存在)，故虚拟裂纹尖端的应力强度因子为零，则有

$$K_{I(\sigma)}+K_{I\sigma(x)}=0 \tag{5.21}$$

式中，$K_{I(\sigma)}$是由外加应力$\sigma(P)$引起的应力强度因子，且有

$$K_{I(\sigma)}=\sigma(P)\sqrt{\pi(a+d)} \tag{5.22}$$

$K_{I\sigma(x)}$是由胶结应力$\sigma(x)$引起的应力强度因子，可表达为

$$K_{I(\sigma)}=-2\int_0^d\sqrt{\frac{a+d}{\pi(a+d)^2-x^2}}\sigma(x)\mathrm{d}x \tag{5.23}$$

将式(5.22)和式(5.23)代入式(5.21)，便可求出MDZ区长度d的表达式。从上面的分析可以看出，式(5.19)、式(5.20)给出了胶结应力的分布，式(5.21)～式(5.23)给出了MDZ区长度的计算公式，这就是胶结力模型的定量表示。为了验证该模型的有效性，取$\sigma(x)$为一常数σ_0代入式(5.23)得

$$K_{I\sigma(x)}=-\sigma_0\sqrt{\pi(a+d)}\frac{2}{\pi}\arccos\frac{a}{a+d} \tag{5.24}$$

将式(5.24)与式(5.22)相加，经整理得到MDZ区长度为

$$d=a\left(\sec\frac{\pi\sigma(P)}{2\sigma_0}-1\right) \tag{5.25}$$

式(5.25)与Dugdale[180]模型的形式是完全一样的，这说明胶结力模型中的胶结应力为常数值时，就退化为Dugdale模型，从而证明本章模型是有效的。

5.4　冻土压缩破坏的胶结力裂纹模型

在解决工程实际问题过程中，人们发现导致冻土发生破坏的原因不仅仅是因为发生了弯曲断裂破坏，而冻土在受压状态下产生的破坏问题也常常发生，并且在某些特殊的情况下还起着决定性的作用。但是，至今仍没有看到有关冻土在受压时断裂破坏行为及机理的研究资料。而在冻土地区，这种由于冻土压缩而导致的工程问题又经常发生(例如冬季建筑物的地基破坏问题等)，因此，十分有必要在以往研究冻土受压破坏的基础上对冻土在受压断裂情况下的力学特性规律进行研究，从而找出其发生破坏的原因及破坏机理，使之能更好地解决实际工程问题。

5.4.1 翼型裂纹试样的宏观断裂过程研究

由于冻土材料内部存在着大量散乱分布的微裂纹，它们是导致冻土产生断裂破坏的主要原因。当冻土材料本身受到外力作用后这些微裂纹便会串连成宏观裂纹，随着外荷载的持续施加再由宏观裂纹演化到最后的失稳裂纹，这一过程称为断裂的过程。了解断裂过程才能表达在荷载作用下冻土材料发生断裂的因果关系。断裂过程是一个宏观和微观相结合的多层次过程。

含斜裂纹的翼型压缩试样，其破坏的显著特征是以原生裂纹端部为出发点，产生新的次生裂纹。随着压剪应力的增加，裂纹尖端的应力集中逐渐加剧，次生裂纹从初始起裂到扩展再到失稳最终导致其强度丧失。新生裂纹扩展的总趋势是转向主压应力方向。由稳定扩展阶段过渡到失稳扩展阶段时，其发展方向有明显的改变，这表明了压剪断裂的阶段性，如图 5.9 所示。

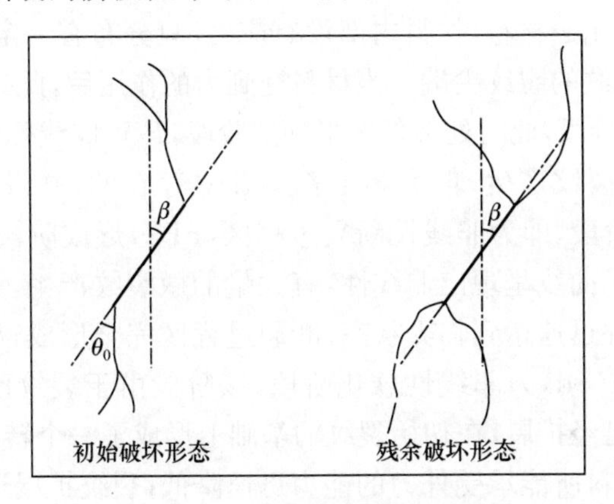

图 5.9 斜裂纹受压破坏

含中心斜裂纹试样的强度受到裂纹的影响而发生显著变化，按其强度曲线的不同特征段可划分为如图 5.10 和图 5.11 所示的五个阶段。

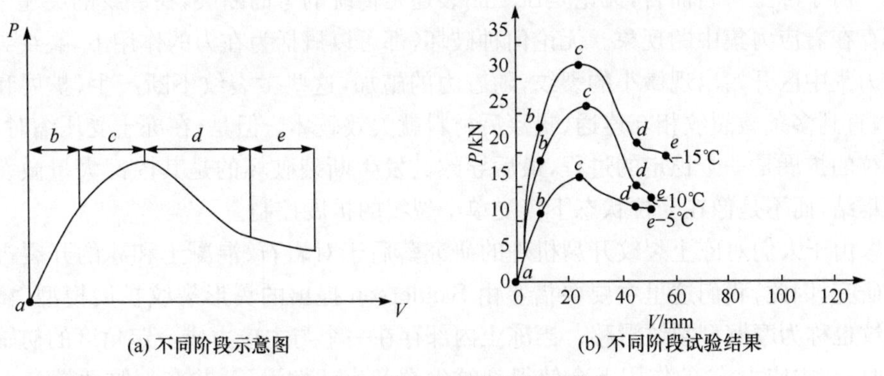

图 5.10 冻土断裂阶段过程线

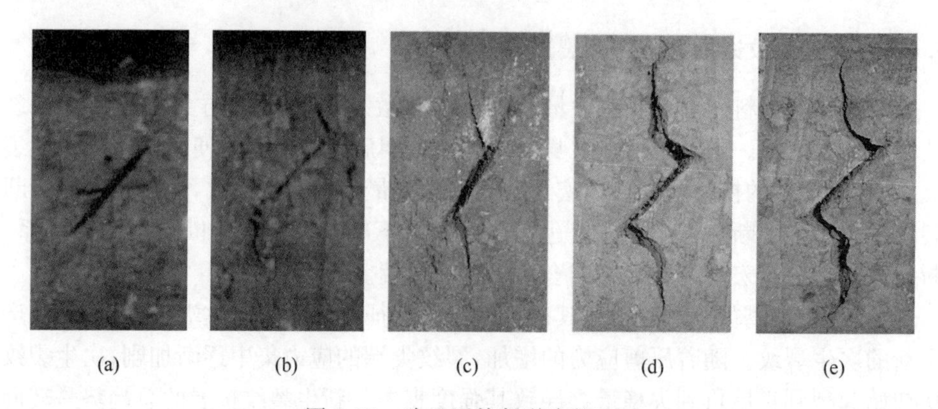

图 5.11　冻土压剪断裂阶段过程

图 5.11(a)为坐标原点,表示初始状态,实质上就是材料本身所具有的初始缺陷。此时没有力作用于材料,材料内部没有应力,只分布有一定数量的微裂纹,此处也相当于材料裂纹的裂纹尖端。当材料受到力的作用后,此处将产生应力集中;图 5.11(b)为弹性阶段,此时处在低水平加载阶段,P-V 成线弹性关系。在初始裂纹处,几个新的微裂纹产生,但大多数都是孤立存在的,并没有连通和贯穿;图 5.11(c)为非线性阶段,即为非线性断裂过程区(FPZ)形成阶段,此时处于高应力水平加载阶段,P-V 曲线呈现出非线性,有大量的微裂纹产生,并与原裂纹交叉贯通,裂纹密度增加并迅速达到临界状态,断裂过程区完全形成,材料所能承受的力达到最大值;图 5.11(d)为非线性软化阶段,该阶段由于裂纹已经超过了临界状态,故原来的裂纹已经扩展,在初始裂纹的基础上形成了一个转向主压应力方向的新生裂纹,此时,材料所能承受外力的能力迅速降低,裂纹扩展迅速;图 5.11(e)为材料的破坏阶段,裂纹继续迅速扩展,导致材料破坏。

5.4.2　翼型裂纹压缩断裂模型

对于冻土材料而言,无论是压缩断裂还是传统的弯曲断裂,在裂纹的尖端区域都存在着应力集中的现象。无论何种破坏,都可以概括为在力的作用下,裂纹尖端应力集中区开始出现微小的裂纹,随着力的施加,这些微裂纹不断产生、扩展和演化,直到多条微裂纹相互连通、贯穿后材料就失效破坏。但是,在冻土受压缩时,其裂纹的扩展是一个稳定的过程,最后导致其发生断裂破坏的是其内部大量微裂纹的集结,而不是像在受拉状态下仅受单个裂纹的扩展控制。

由于人们对冻土裂纹开裂机理的研究落后于对岩石、混凝土和冰的开裂机理的研究,因此,我们这里主要要借鉴由 Sanderson 提出的翼形裂纹扩展模型,翼型裂纹也称为摩擦型裂纹滑移。当冻土内部存在一个与主应力成一定角度的初始裂纹时,在主应力 σ_{11} 的作用下会使得裂纹尖端产生塑性滑移,并在裂纹两端产生小的拉应力区，且当该应力达到临界应力状态后，裂纹便开始扩展，其扩展方向垂直原裂纹的端部，以后方向改变，逐渐趋向与主压应力的方向相平行。由于其扩展后的裂纹像翅膀一样，所以称为翼型裂纹。随着此模型的不断完善，翼形裂纹已经被广泛认为是裂纹扩展的主要形式，并受到了广泛的关注。因此，该模型得到了不断地完善。

Ashby 和 Ballam[181] 对冰体破坏的分析给出了理想化裂纹的二维模型，如图 5.12 所示，即长度为 $2a$ 并与主应力 σ_{11} 方向呈 φ 夹角的一条裂纹，当应力 σ_{11} 增加时，该裂纹试图滑移，并在初始裂纹两端形成拉伸区[图 5.12(a)]，当应力达到一定水平时，形成侧翼损伤区并稳定增长，将其简化为侧翼裂纹，或称为虚拟裂纹，其长度为 l[图 5.12(b)]。冻土与冰体具有十分相似的性质，应用这个模型再考虑翼裂纹上作用有分布的胶结应力 $\sigma(l)$，便建立了冻土压缩破坏的非线性模型，如图 5.13 所示。

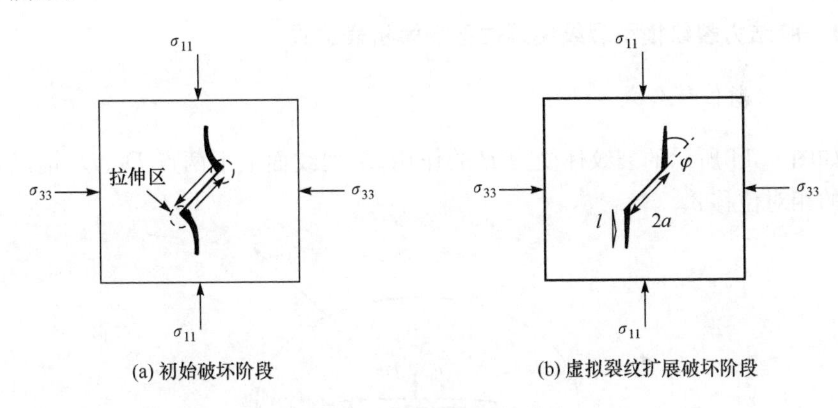

图 5.12 二维理想裂纹模型

根据试验及有限元计算结果，对该模型做如下假定：

(1) 在压力 σ_{11} 作用下，初始斜裂纹($\varphi<45°$)有张开趋势，在裂纹尖端局部产生小的拉伸区，其作用使原裂纹尖端产生张开位移。

(2) 对于侧翼虚拟裂纹，裂纹发展的开始阶段与初始裂纹成一个角度，最后趋于一主方向 σ_{11} 相平行。在侧翼虚拟裂纹面上有胶结力作用。

(3) 假定胶结力的分布规律与张拉型破坏的规律相同，但压缩情况下，胶结力要

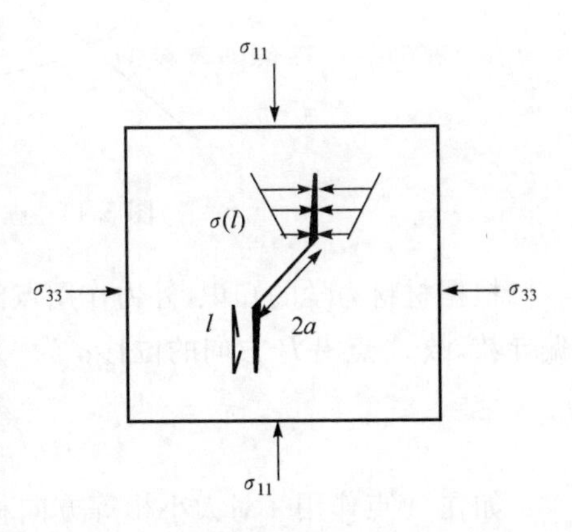

图 5.13 压缩破坏胶结力裂纹模型

先考虑摩擦作用,因而远小于张拉破坏的最大张拉力值,如取摩擦系数 $\mu=0.3$,则压缩时胶结力值为张拉破坏张拉力的 1/3,即 $\sigma(l)=\frac{1}{3}\sigma(x)$。

5.5 胶结力裂纹模型特征值计算

本章提出了冻土的非线性胶结力裂纹模型,并详细讨论了张拉型(I 型)的胶结力裂纹模型和压缩型胶结力裂纹模型。但是由于在裂纹尖端附近施加了胶结力,裂纹尖端的应力场位移场求解变得非常复杂,作为胶结力裂纹模型的特征值,如裂纹尖端张开位移及裂纹尖端扩展位移等,需要进一步推导求解其表达式。在这一章将详细推导张拉型及压缩型的胶结力裂纹模型的裂纹尖端张开位移及裂纹尖端扩展位移。

5.5.1 胶结力裂纹模型裂纹尖端位移场解析表达式

1. 帕里斯位移公式

如图 5.14 所示的裂纹体受力 P 的作用,求裂纹面上下两点 D_1、D_2 沿其连线方向的相对位移 δ。

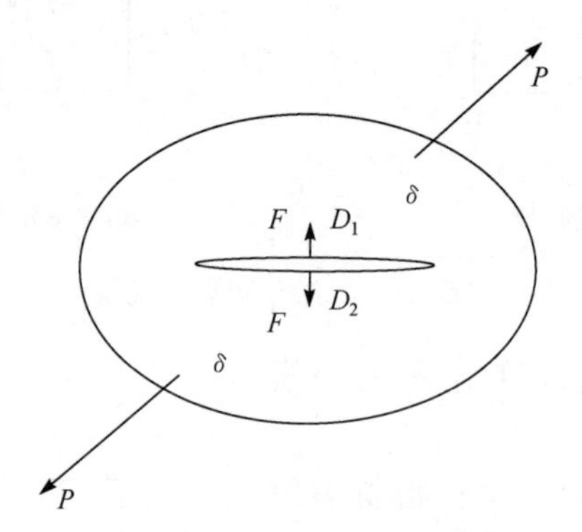

图 5.14 虚拟力及相对位移

根据材料力学的知识,外力作用点沿作用力方向的位移等于应变能对外力的偏导数,故 A 点沿 P 方向的位移 δ 为

$$\delta=\frac{\partial e}{\partial P} \tag{5.26}$$

如在 A 点作用一对大小相等方向相反的力,则式(5.26)就表示 A 点沿 P 方向的相对位移。为了求 D_1、D_2 点之间的相对位移,可以设想沿 D_1、D_2 连线方向引入一对虚力 F。这时系统应变能 E 就不仅和 P、a 有关,也和 F 有关,即

$$E=E(P,a,F) \tag{5.27}$$

虚力对引起的相对位移为

$$\delta=\lim_{F\to 0}\left(\frac{\partial E}{\partial F}\right)\frac{-b\pm\sqrt{b^2-4ac}}{2a} \tag{5.28}$$

按式(5.28)先求出偏导数$\frac{\partial E}{\partial F}$(它和 F 有关),再让虚力 F 趋于零,这样就可获得没有虚力,仅是力 P 在 D_1、D_2 间的相对位移。

用 K_{IP}、K_{IF}分别代表力 P 和力 F 所提供的应力场强度因子,则总的应力场强度因子是二者之和,即

$$K_I=K_{IP}+K_{IF} \tag{5.29}$$

又因为 $G_I=\frac{K_I^2}{E'}$,当平面应力状态时 $E'=E$,当平面应变状态时 $E'=E/(1-\nu^2)$。

把 $G_I=\frac{1}{E'}(K_{IP}+K_{IF})^2$ 代入应变能 E 中,然后再代回到 δ 里,得

$$\begin{aligned}\delta &= \lim_{F\to 0}\left[\frac{\partial E_0(P,F)}{\partial F}+\frac{\partial}{\partial F}\int_0^a \frac{1}{E'}(K_{IP}+K_{IF})^2\mathrm{d}a\right]\\ &= \lim_{F\to 0}\left[\frac{\partial E_0}{\partial F}+\frac{1}{E'}\int_0^a 2(K_{IP}+K_{IF})\frac{\partial K_{IF}}{\partial F}\mathrm{d}a\right]\end{aligned} \tag{5.30}$$

因为

$$K_{IF}=Y_{\sigma_F}\sqrt{a}\propto Y\sqrt{aF} \tag{5.31}$$

即力 F 产生的 K_I 和力的大小成正比,故在 $F\to 0$ 的极限过程中 $K_{IF}=0$,式(5.30)变为

$$\delta=\left(\frac{\partial E_0}{\partial F}\right)_{F=0}+\frac{2}{E'}\int_0^a K_{IP}\frac{\partial K_{IF}}{\partial F}\mathrm{d}a \tag{5.32}$$

这就是帕里斯位移公式。其中第一项是无裂纹时,D_1、D_2 点在力 P 作用下沿其连线方向的相对位移。D_1、D_2 点是裂纹面上下表面的对应点,无裂纹时,D_1、D_2 点重合,没有相对位移,即

$$\delta_0=\left(\frac{\partial E_0}{\partial F}\right)_{F=0}=0 \tag{5.33}$$

这时,

$$\delta=\frac{2}{E'}\int_0^a K_{IP}\frac{\partial K_{IF}}{\partial F}\mathrm{d}a \tag{5.34}$$

在应用这个位移公式时,力 P 以及 D_1、D_2 点的位置是不变的。裂纹长度是变量,积分过程就相当于裂纹长度不断增大的过程[150]。

2. 外力 P 产生的张开位移

首先来看看无限远处均匀拉力产生的张开位移，如图 5.15 所示，无限宽板中心贯穿裂纹长 $2c$，在无限远处作用着均匀的拉应力 σ。求距裂纹中心为 X 处的裂纹张开位移（D_1、D_2 点相对位移 δ_1）。为此，在 D_1、D_2 处引入一对虚力 F，根据集中力产生的 K_{I} 公式可知，力 F 在裂纹顶端 A、B 处的应力强度因子为

$$K_{\mathrm{IF}_1}^{A}=\frac{F}{\sqrt{\pi c}}\sqrt{\frac{c+x}{c-x}} \tag{5.35}$$

$$K_{\mathrm{IF}_1}^{B}=\frac{F}{\sqrt{\pi c}}\sqrt{\frac{c-x}{c+x}} \tag{5.36}$$

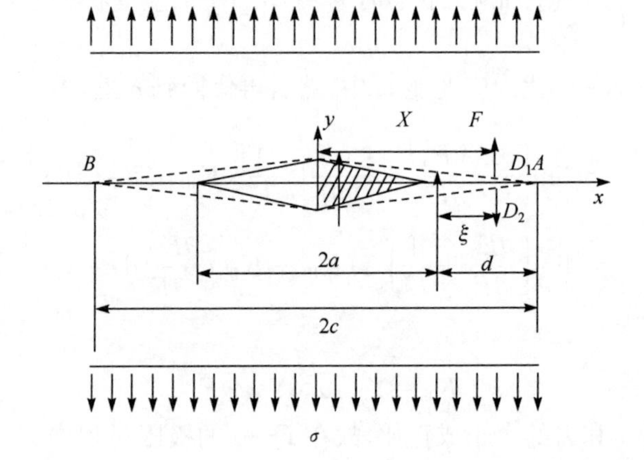

图 5.15　中心贯穿裂纹受均匀拉应力的张拉型裂纹模型

由于问题的对称性，在距原点 $-X$ 处裂纹上下张开位移和 $+X$ 处（D_1、D_2）的张开位移是一样的。在 $-X$ 处引入的虚力对 F 在 A、B 处产生的 K_{I} 为

$$K_{\mathrm{IF}_2}^{A}=\frac{F}{\sqrt{\pi c}}\sqrt{\frac{c+x}{c-x}} \tag{5.37}$$

$$K_{\mathrm{IF}_2}^{B}=\frac{F}{\sqrt{\pi c}}\sqrt{\frac{c-x}{c+x}} \tag{5.38}$$

故对称的虚力对引起的应力场强度因子为

$$K_{\mathrm{IF}}=K_{\mathrm{IF}_1}^{A}+K_{\mathrm{IF}_2}^{A}=K_{\mathrm{IF}_1}^{B}+K_{\mathrm{IF}_2}^{B}=\frac{F}{\sqrt{\pi c}}\frac{2c}{\sqrt{c^2-x^2}} \tag{5.39}$$

如以 2ξ 代表裂纹在增大时的瞬时长度，则用 ξ 代替 c，就得

$$K_{\mathrm{IF}}=\frac{F}{\sqrt{\pi\xi}}\frac{2\xi}{\sqrt{\xi^2-x^2}} \tag{5.40}$$

$$\frac{\partial K_{\mathrm{IF}}}{\partial F}=\frac{1}{\sqrt{\pi\xi}}\frac{2\xi}{\sqrt{\xi^2-x^2}} \tag{5.41}$$

无限远处的均匀应力 σ 在裂纹尖端前端产生的应力场强度因子为

$$K_{\mathrm{IP}}=\sigma\sqrt{\pi c} \tag{5.42}$$

对长度为 2ξ 的瞬时裂纹有

$$K_{\mathrm{IP}}=\sigma\sqrt{2\pi\xi} \tag{5.43}$$

由帕里斯位移公式有

$$\delta_1=\frac{2}{E'}\int_0^c K_{\mathrm{IP}}\frac{\partial K_{\mathrm{IF}}}{\partial F}\mathrm{d}\xi=\frac{2}{E'}\left[\int_0^x K_{\mathrm{IP}}\frac{\partial K_{\mathrm{IF}}}{\partial F}\mathrm{d}\xi+\int_0^c K_{\mathrm{IP}}\frac{\partial K_{\mathrm{IF}}}{\partial F}\mathrm{d}\xi\right] \tag{5.44}$$

因为当裂纹瞬时长度 $\xi\leqslant x$ 时，点力 F 并不作用在裂纹上下界面上。这时作用在同一点上的点力对(大小相等，方向相反)互相抵消，对 K_{I} 无贡献，故式(5.44)第一个积分为零。这就是说，在计算位移时，积分下限是所求点的位置，即

$$\delta_1=\frac{2}{E'}\int_x^c K_{\mathrm{IP}}\frac{\partial K_{\mathrm{IF}}}{\partial F}\mathrm{d}\xi \tag{5.45}$$

将式(5.43)、式(5.44)代入得

$$\delta_1=\frac{2}{E'}\int_x^c\sigma\sqrt{\pi\xi}\frac{1}{\sqrt{\pi\xi}}\frac{2\xi}{\sqrt{\xi^2-x^2}}\mathrm{d}\xi=\frac{4\sigma}{E'}\left|\sqrt{\xi^2-x^2}\right|_x^c=\frac{4\sigma}{E'}\sqrt{c^2-x^2} \tag{5.46}$$

由式(5.46)可知当 $x=a$ 时，所求的值为裂纹尖端的张开位移

$$\delta_1=\frac{4\sigma}{E'}\sqrt{c^2-a^2} \tag{5.47}$$

同理，若要求三点弯曲模型及单轴压缩模型外力引起的裂纹尖端张开位移，只需改动式(5.44)中的 K_{IP} 即可。

三点弯曲

$$\delta_1=\frac{2}{E'}\int_a^c\frac{2.51PS}{E'BW^2}\sqrt{\xi}\frac{1}{\sqrt{\pi\xi}}\frac{2\xi}{\sqrt{\xi^2-x^2}}\mathrm{d}\xi=\frac{120.48}{E'}\frac{PS}{\sqrt{\pi}BW^2} \tag{5.48}$$

式中，P 为外力；S 为模型的长度；B 为模型厚度；W 为模型的高度。

对于单轴压缩，则有

$$\begin{aligned}\delta_1&=\frac{2}{E'}\int_a^c\frac{\sigma\sqrt{\pi\xi}}{\sqrt{3}}\frac{\beta\phi(1+\phi)^{1/2}+1}{(1+\phi)^2}\frac{1}{\sqrt{\pi\xi}}\frac{2\xi}{\sqrt{\xi^2-x^2}}\mathrm{d}\xi\\&=\frac{4\sigma}{E'}\frac{\beta\phi(1+\phi)^{1/2}+1}{(1+\phi)^2}\left|\sqrt{\xi^2-X^2}\right|_a^c\end{aligned}$$

$$=\frac{4\sigma\beta\phi(1+\phi)^{1/2}+1}{E'(1+\phi)^{2}}\sqrt{c^{2}-a^{2}} \tag{5.49}$$

式中，σ 为无限远处均匀应力；c 为原始裂纹加虚拟裂纹长度；a 为原始裂纹长度；β 为裂纹形状因子。而 $\phi=\frac{d_c}{a}$，当平面应力状态时 $E'=E$，当平面应变状态时 $E'=E/(1-\nu^2)$。

3. 黏聚力引起的张开位移

如图 5.16 所示，在 (a,c) 区间内作用着分布应力 $\sigma(b)$，则在 $\pm b$ 点处的压力为 $-\sigma(b)\mathrm{d}b$，按照点力引起的张开位移公式[180]

$$K_{\mathrm{IP}}=\frac{-P}{\sqrt{\pi\xi}}\frac{2\xi}{\sqrt{\xi^2-b^2}} \tag{5.50}$$

将压力值 $-P=-\sigma(b)\mathrm{d}b$ 代入式(5.50)中，得到压力 P 产生的应力强度因子

$$K_{\mathrm{IP}}=\frac{-\sigma(b)\mathrm{d}b}{\sqrt{\pi\xi}}\frac{2\xi}{\sqrt{\xi^2-b^2}} \tag{5.51}$$

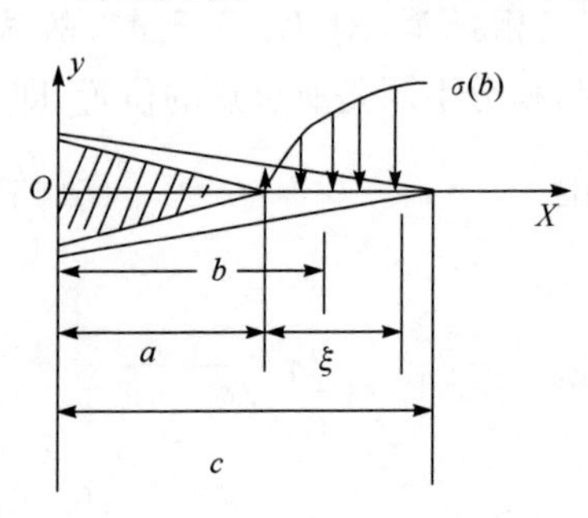

图 5.16 胶结力裂纹模型

则分布压力对引起的应力场强度因子为

$$K_{\mathrm{IP}}=\int_a^c\frac{-\sigma(b)}{\sqrt{\pi\xi}}\frac{2\xi}{\sqrt{\xi^2-b^2}}\mathrm{d}b \tag{5.52}$$

当裂纹扩展到 $\xi\leqslant c$ 时，在 (ξ,c) 区间内的分布压力对由于并不作用在裂纹面上，互相抵消，对 K_{IP} 没有贡献，故式(5.52)在 (ξ,c) 区间内的积分为零，即积分上限为 ξ，见式(5.53)。

$$\begin{aligned}K_{\mathrm{IP}}&=\int_a^c\frac{-2\xi}{\sqrt{\pi\xi}}\frac{\sigma(b)}{\sqrt{\xi^2-b^2}}\mathrm{d}b=\int_0^\xi\frac{-2\xi}{\sqrt{\pi\xi}}\frac{\sigma(b)}{\sqrt{\xi^2-b^2}}\mathrm{d}b+\int_\xi^c\frac{-2\xi}{\sqrt{\pi\xi}}\frac{\sigma(b)}{\sqrt{\xi^2-b^2}}\mathrm{d}b\\&=\int_0^c\frac{-2\xi}{\sqrt{\pi\xi}}\frac{\sigma(b)}{\sqrt{\xi^2-b^2}}\mathrm{d}b\end{aligned} \tag{5.53}$$

把式(5.53)、式(5.45)代入式(5.41)，得到分布力引起的位移为

$$\begin{aligned}\delta_2&=\frac{2}{E'}\int_x^c K_{\mathrm{IP}}\frac{\partial K_{\mathrm{IF}}}{\partial F}\mathrm{d}\xi=\frac{2}{E'}\int_x^c\frac{2\xi}{\sqrt{\pi\xi}\sqrt{\xi^2-x^2}}\mathrm{d}\xi\int_a^\xi\frac{-\sigma(b)}{\sqrt{\pi\xi}}\frac{2\xi}{\sqrt{\xi^2-b^2}}\mathrm{d}b\\&=\frac{-8}{\pi E'}\int_x^c\frac{\xi\mathrm{d}\xi}{\sqrt{\xi^2-x^2}}\int_a^\xi\frac{\sigma(b)}{\sqrt{\xi^2-b^2}}\mathrm{d}b\end{aligned} \tag{5.54}$$

其中，x 为所要求张开位移处的坐标，若 $x=a$，则求得的是黏聚力引起的裂纹尖端张开位移。

5.5.2 裂纹尖张开位移表达式

1. 三点弯曲梁模型裂纹尖端张开位移

三点弯曲梁模型是典型的张拉破坏模型，如图 5.17 所示。三点弯曲梁的应力强度因子表达式为

$$K_{I(\sigma)}=\frac{6Ma^{1/2}}{BW^2}Y\left(\frac{a}{W}\right) \tag{5.55}$$

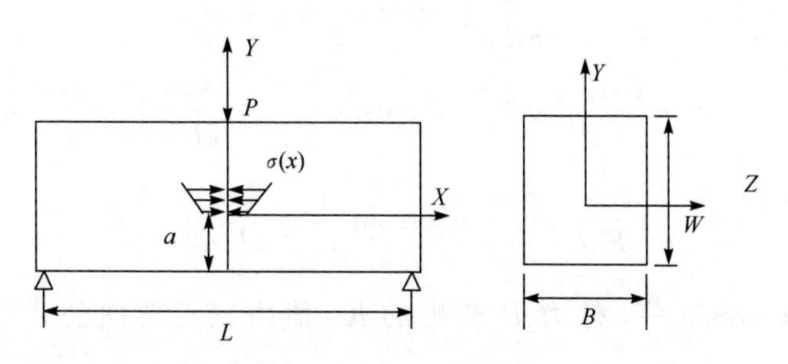

图 5.17　三点弯曲梁模型

而 K_{IF} 仍为式(5.40)，依帕里斯公式，裂纹尖端张开位移由两部分组成，一是外力 P 在 $x=a$ 处产生的张开位移 δ_1；二是黏聚力 $\sigma(x)=\frac{x-a}{d}\sigma_Y$（$\sigma_Y$ 为裂纹尖端的应力值，d 为裂纹尖端扩展位移，a 为裂纹原始长度）在 $x=a$ 处产生的位移 δ_2，但 δ_1 与 δ_2 的方向相反，即

$$\delta=\delta_1-\delta_2 \tag{5.56}$$

δ_1 由式(5.46)给出，即

$$\delta_1=\frac{120.48}{E'}\frac{PS}{\sqrt{\pi BW^2}} \tag{5.57}$$

δ_2 由式(5.54)给出，但积分下限 x 用 a 代，$\sigma(b)$ 由 $\frac{x-a}{d}\sigma_Y$ 代，即

$$\begin{aligned}\delta_2&=\frac{-8}{\pi E'}\int_a^c\frac{\xi\mathrm{d}\xi}{\sqrt{\xi^2-x^2}}\int_a^\xi\frac{b-a}{d}\sigma_Y\frac{1}{\sqrt{\xi^2-b^2}}\mathrm{d}b\\&=\frac{8a}{\pi E'd}\int_a^c\frac{\xi\mathrm{d}\xi}{\sqrt{\xi^2-x^2}}\int_a^\xi\frac{\sigma_Y}{\sqrt{\xi^2-b^2}}\mathrm{d}b+\frac{-8a}{\pi E'd}\int_a^c\frac{\xi\mathrm{d}\xi}{\sqrt{\xi^2-x^2}}\int_a^\xi\frac{\sigma_Y b}{\sqrt{\xi^2-b^2}}\mathrm{d}b\\&=\delta_{21}+\delta_{22}\end{aligned} \tag{5.58}$$

然后分别计算 δ_{21} 和 δ_{22}

$$\delta_{21}=\frac{8a}{\pi E'd}\int_a^c\frac{\xi\mathrm{d}\xi}{\sqrt{\xi^2-a^2}}\int_a^\xi\frac{\sigma_Y}{\sqrt{\xi^2-b^2}}\mathrm{d}b$$

$$= \frac{8a\sigma_Y}{\pi E'd}\int_a^c \frac{\xi d\xi}{\sqrt{\xi^2 - a^2}} \left| \arcsin \frac{a}{\xi} \right|_a^\xi$$

$$= \frac{8a\sigma_Y}{\pi E'd}\int_a^c \frac{\xi d\xi}{\sqrt{\xi^2 - a^2}}\left[\frac{\pi}{2} - \arcsin \frac{a}{\xi}\right]$$

$$= \frac{8a\sigma_Y}{\pi E'd} \frac{\pi}{2}\int_a^c \frac{\xi d\xi}{\sqrt{\xi^2 - a^2}} - \frac{8a\sigma_Y}{\pi E'd}\int_a^c \frac{\xi d\xi}{\sqrt{\xi^2 - a^2}}\arcsin \frac{a}{\xi}$$

$$= \frac{8a\sigma_Y}{\pi E'd} \frac{\pi}{2} \left| \sqrt{\xi^2 - a^2} \right|_a^c - \frac{8a\sigma_Y}{\pi E'd}\int_a^c \arcsin \frac{a}{\xi} d\sqrt{\xi^2 - a^2}$$

$$= \frac{4a\sigma_Y}{E'd} \sqrt{c^2 - a^2} - \frac{8a\sigma_Y}{\pi E'd} \left| \sqrt{\xi^2 - a^2}\arcsin \frac{a}{\xi} \right|_a^c + \frac{8a\sigma_Y}{\pi E'd}\int_a^c \sqrt{\xi^2 - a^2} \frac{-a d\xi}{\xi \sqrt{\xi^2 - a^2}}$$

$$= \frac{4a\sigma_Y}{E'd} \sqrt{c^2 - a^2} - \frac{8a\sigma_Y}{\pi E'd} \sqrt{c^2 - a^2}\arcsin \frac{a}{c} - \frac{8a\sigma_Y}{\pi E'd}\int_a^c \frac{1}{\xi}d\xi \tag{5.59}$$

下面求解 $\arcsin \frac{a}{c}$，外力 P 产生的 K_I 值由三点弯曲公式给出，$K_I^{(1)} = \frac{2.66PS}{BW^{3/2}}$，另外，分布应力（作用在裂纹表面上，起闭合裂纹作用）也会同时产生 K_I，由式(5.51)给出，其值为 $K_I^{(2)} = \int_a^c \frac{2c}{\sqrt{\pi c}} \frac{-\sigma(b)}{\sqrt{c^2 - b^2}}db$，令 $b = c\cos t$，$db = -c\sin t dt$，$b = a$ 时对应 $t = \arccos \frac{a}{c}$，代入上式，得

$$K_I^{(2)} = \int_{\arccos\frac{a}{c}}^0 \frac{-2\sigma_Y}{d\sqrt{\pi}} \frac{(c\cos t - a)\sqrt{c}}{\sin t}(-\sin t)dt = -\frac{2\sqrt{c}a^2}{\sqrt{\pi}cd\sqrt{1-\left(\frac{a}{c}\right)^2}}\sigma_s \arccos \frac{a}{c} \tag{5.60}$$

总应力强度因子为

$$K_I = K_I^{(1)} + K_I^{(2)} = \frac{2.66PS}{BW^{3/2}} - \frac{2\sqrt{c}a^2}{\sqrt{\pi}cd\sqrt{1-\left(\frac{a}{c}\right)^2}}\sigma_s \arccos \frac{a}{c} \tag{5.61}$$

塑性区端点（$\pm c$ 点）应力无奇异值，要求 $K_I = 0$，即

$$\frac{2.66PS}{BW^{3/2}} - \frac{2\sqrt{c}a^2}{\sqrt{\pi}cd\sqrt{1-\left(\frac{a}{c}\right)^2}}\sigma_s \arccos \frac{a}{c} = 0 \tag{5.62}$$

$$\arccos \frac{a}{c} = \sqrt{1-\left(\frac{a}{c}\right)^2} \frac{\sqrt{\pi}cd}{2\sigma_s\sqrt{c}a^2} \frac{2.66PS}{BW^{3/2}} \tag{5.63}$$

$$\arcsin\frac{a}{c}=\frac{\pi}{2}-\sqrt{1-\left(\frac{a}{c}\right)^2}\frac{\sqrt{\pi}cd}{2\sigma_s\sqrt{c}a^2}\frac{2.66PS}{BW^{3/2}} \tag{5.64}$$

将式(5.64)代入式(5.59)中即可得到δ_{22}的值。而

$$\delta_{22}=\frac{-8}{\pi E'd}\int_a^c\frac{\xi\mathrm{d}\xi}{\sqrt{\xi^2-a^2}}\int_a^\xi\frac{\sigma_Y b}{\sqrt{\xi^2-b^2}}\mathrm{d}b=\frac{-4\sigma_Y}{\pi E'd}\int_a^c\frac{\xi\mathrm{d}\xi\sqrt{\xi^2-a^2}}{\sqrt{\xi^2-a^2}}$$

$$=\frac{-4\sigma_Y}{\pi E'd}\int_a^c\xi\mathrm{d}\xi=\frac{-2\sigma_Y}{\pi E'd}(c^2-a^2) \tag{5.65}$$

最后再将两者结合起来,得到三点弯曲时黏聚力引起的张开位移

$$\delta_2=\delta_{21}+\delta_{22}$$

$$=\frac{-2\sigma_Y}{\pi E'd}(c^2-a^2)+\frac{4a\sigma_Y}{E'd}\sqrt{c^2-a^2}-\frac{8a\sigma_Y}{\pi E'd}\sqrt{c^2-a^2}\arcsin\frac{a}{c}-\frac{8a\sigma_Y}{\pi E'd}\ln\frac{c}{a} \tag{5.66}$$

2. 单轴压缩裂纹尖端张开位移表达式

对于单轴压缩的情况,其外力引起的应力强度因子为

$$K_{\mathrm{IP}}=\frac{\sigma\sqrt{\pi a}}{\sqrt{3}}\frac{\beta\phi(1+\phi)^{1/2}+1}{(1+\phi)^2} \tag{5.67}$$

则外应力引起的张开位移δ_1'为

$$\delta'_1=\frac{2}{E'}\int_a^c\frac{\sigma\sqrt{\pi\xi}}{\sqrt{3}}\frac{\beta\phi(1+\phi)^{1/2}+1}{(1+\phi)^2}\frac{1}{\sqrt{\pi\xi}}\frac{2\xi}{\sqrt{\xi^2-x^2}}\mathrm{d}\xi$$

$$=\frac{4\sigma}{E'}\frac{\beta\phi(1+\phi)^{1/2}+1}{(1+\phi)^2}\sqrt{c^2-x^2} \tag{5.68}$$

胶结力引起的位移δ_2',仍假定胶结力为线性分布$\sigma(l)=\frac{x-a}{l}\sigma_1'$,其中$\sigma_1'=\frac{1}{3}\sigma_1$,则由式(5.54)得

$$\delta_2'=\frac{-8\sigma_1'}{\pi lE'}\sqrt{c^2-a^2}\left[a\left(\arcsin\frac{a}{\xi}-\frac{\pi}{2}\right)-\sqrt{\xi^2-a^2}\right] \tag{5.69}$$

总张开位移δ'为

$$\delta'=\delta_1'+\delta_2' \tag{5.70}$$

5.5.3 裂纹扩展位移表达式

1. 三点弯曲模型的裂纹扩展位移

由虚拟裂纹尖端处:

$$K_{\mathrm{I}\sigma(x)}+K_{\mathrm{IP}}=0 \tag{5.71}$$

导出裂纹扩展位移 d 值：

$$K_{\mathrm{I}\sigma(x)} = 2\int_{a}^{a+d} \frac{a+d}{\pi(a+d)^2 - x^2}\sigma(x)\mathrm{d}x \tag{5.72}$$

$$K_{\mathrm{IP}} = \frac{2.66PS}{BW^{3/2}} \tag{5.73}$$

首先用 $\sigma(x)=\dfrac{x-a}{d}\sigma_{\mathrm{Y}}$ 代入式(5.72)中，再用 Matlab 计算积分式，得到

$$\begin{aligned}K_{\mathrm{I}\sigma(x)} =& \frac{-\sigma_{\mathrm{Y}}}{d\sqrt{\pi}}\Big\{\sqrt{\pi}(a+d)\log(\pi-1)+\sqrt{\pi}(a+d)\log[-(a+d)^2]+2a\left[a\tanh\frac{1}{\sqrt{\pi}}\right]\\&-\sqrt{\pi}(a+d)\log[-\pi(a+d)^2+a^2]-2a\left[a\tanh\frac{a}{(a+d)\sqrt{\pi}}\right]\Big\}\end{aligned} \tag{5.74}$$

然后简化式(5.74)，将 $a\tanh x=\dfrac{1}{2}\log\dfrac{1+x}{1-x}$ 代入，得到一系列关于 $\log x$ 的式子，再把 $\log x$ 泰勒展开有

$$K_{\mathrm{I}\sigma(x)} = \frac{\sigma_{\mathrm{Y}}}{d}\left\{\frac{a}{\sqrt{\pi}}\left[\frac{(\sqrt{\pi}+1)\left(\sqrt{\pi}-1+\dfrac{d}{a}\right)}{(\sqrt{\pi}-1)\left(\sqrt{\pi}+1+\dfrac{d}{a}\right)}+1\right]+(a+d)\left[\frac{\pi-1}{\pi-\left(\dfrac{1}{1+d/a}\right)^2}-1\right]\right\} \tag{5.75}$$

最后把式(5.73)、(5.75)代入式(5.71)中得

$$\begin{aligned}&\sigma_{\mathrm{Y}}\left\{\frac{a}{\sqrt{\pi}}\left[-\frac{(\sqrt{\pi}+1)\left(\sqrt{\pi}-1+\dfrac{d}{a}\right)}{(\sqrt{\pi}+1)\left(\sqrt{\pi}-1+\dfrac{d}{a}\right)}+1\right]+(a+d)\left[-\frac{\pi-1}{\pi-\left(\dfrac{1}{1+d/a}\right)^2}+1\right]\right\}\\&=\frac{2.66PSd}{BW^{3/2}}\end{aligned} \tag{5.76}$$

将式(5.76)左端的裂纹尖端扩展位移 d 用最大扩展位移 d_{C} 代替，这样式中只有右端出现 d，因此可以导出三点弯曲时的裂纹尖端扩展位移公式，即

$$\begin{aligned}d =& \frac{\sigma_{\mathrm{Y}}BW^{3/2}}{2.66PS}\left\{\frac{a}{\sqrt{\pi}}\left[-\frac{(\sqrt{\pi}+1)\left(\sqrt{\pi}-1+\dfrac{d_{\mathrm{C}}}{a}\right)}{(\sqrt{\pi}-1)\left(\sqrt{\pi}+1+\dfrac{d_{\mathrm{C}}}{a}\right)}+1\right]+(a+d_{\mathrm{C}})\left[-\frac{\pi-1}{\pi-\left(\dfrac{1}{1+d_{\mathrm{C}}/a}\right)^2}+1\right]\right\}\\=&\frac{\sigma_{\mathrm{Y}}}{d_3}(d_1+d_2)d=\frac{\sigma_{\mathrm{Y}}BW^{3/2}}{2.66PS}\left\{\frac{a}{\sqrt{\pi}}\left[-\frac{(\sqrt{\pi}+1)\left(\sqrt{\pi}-1+\dfrac{d_{\mathrm{C}}}{a}\right)}{(\sqrt{\pi}-1)\left(\sqrt{\pi}+1+\dfrac{d_{\mathrm{C}}}{a}\right)}+1\right]\right.\end{aligned}$$

$$+(a+d_C)\left[-\frac{\pi-1}{\pi-\left(\frac{1}{1+d_C/a}\right)^2}+1\right]\Bigg\}=\frac{\sigma_Y}{d_3}(d_1+d_2) \tag{5.77}$$

其中，

$$d_1=\frac{a}{\sqrt{\pi}}\left[\frac{(\sqrt{\pi}+1)\left(\sqrt{\pi}-1+\frac{d_C}{a}\right)}{(\sqrt{\pi}-1)\left(\sqrt{\pi}+1+\frac{d_C}{a}\right)}+1\right]$$

$$d_2=(a+d_C)\left[-\frac{\pi-1}{\pi-\left(\frac{1}{1+d_C/a}\right)^2}+1\right]$$

$$d_3=\frac{2.66PS}{BW^{3/2}}$$

2. 单轴压缩模型的裂纹扩展位移

与三点弯曲模型相似，由裂纹尖端处 $K_{I\sigma(x)}+K_{IP}=0$ 导出 d_c，用 Matlab 算出 $K_{I\sigma(x)}$ 值由式(5.75)给出，而又因为 $K_{IP}=\frac{\sigma\sqrt{\pi a}}{\sqrt{3}}\frac{\beta\phi(1+\phi)^{1/2}+1}{(1+\phi)^2}$，则将这两个式子相加之和为零，

$$\sigma_Y\left\{\frac{a}{\sqrt{\pi}}\left[\frac{(\sqrt{\pi}+1)\left(\sqrt{\pi}-1+\frac{d}{a}\right)}{(\sqrt{\pi}-1)\left(\sqrt{\pi}+1+\frac{d}{a}\right)}-1\right]+(a+d)\left[\frac{\pi-1}{\pi-\left(\frac{1}{1+d/a}\right)^2}-1\right]\right\}$$

$$=\frac{\sigma d\sqrt{\pi a}}{\sqrt{3}}\left[\frac{\beta\phi(1+\phi)^{1/2}+1}{(1+\phi)^2}\right] \tag{5.78}$$

将式(5.78)右端的裂纹尖端扩展位移 d 用最大扩展位移 d_c 代，这样式中只有右端出现 d，由此导出单轴压缩模型的裂纹尖端扩展位移公式。令

$$P=\frac{\sigma}{\sqrt{3}}\frac{\beta\phi(1+\phi)^{1/2}+1}{(1+\phi)^2} \tag{5.79}$$

则

$$d=\frac{24.9pa^{\frac{3}{2}}d_c}{7.41a\sigma_Y-4pd\sqrt{a}} \tag{5.80}$$

式中，σ 为边界受压处的应力值；σ_Y 为裂纹尖端应力值。

5.6 小　　结

本章在试验观测的基础上，提出了对冻土中微裂纹的尺寸进行识别与确认的依据，给出了不同土质在不同温度下的微裂纹尺寸参考值，为冻土强度破坏的定量计算与分析提供依据；同时将冻土微裂纹损伤区看成冻土体的缺陷，并按缺陷简化“当量化裂纹”原则，将冻土微裂纹损伤区简化为“当量裂纹”，计算结果与试验观测结果非常一致，说明理论计算方法的有效性，如此给出了理论计算当量裂纹尺寸的新途径。然后用激光散斑法测试了冻土微裂纹的形貌和发展过程，测试结果发现，裂纹尖端存在一个微裂纹损伤区，通过对裂纹尖端一系列散斑图的逐点分析，获得了微裂纹损伤区随荷载增加而发展的全过程和形貌特征，即在荷载作用下，冻土破坏过程的演化过程经过微裂纹发生、微裂纹损伤区、宏观裂纹形成与扩展和快速断裂四个阶段。

微裂纹损伤区的存在是冻土体破坏过程特有的性态，表征了微裂纹的信息，同时也制约着冻土破坏过程。它是材料在裂纹尖端处胶结力和损伤的共同产物，表征材料细微结构的信息，也证明了用激光散斑法测试冻土的力学行为是可行的，它不仅为冻土的宏、细观断裂研究提供一个途径，而且有可能成为冻土非线性断裂韧度测试的有效方法。值得注意的是计算参数都是与温度密切相关的，说明冻土破坏过程温度影响是极为重要的。最后根据岩石黏性裂纹的概念，基于冻土非线性断裂破坏过程存在的微裂纹损伤区，将其简化为虚拟裂纹并在虚拟裂纹表面存在胶结力，如此给出了冻土非线性破坏的胶结力裂纹模型，分别讨论了张拉型破坏和压缩型破坏的胶结力模型，为理论分析和计算提供依据。

针对胶结力裂纹模型，依据帕里斯公式，分别推导了在均布外力作用下，裂纹面上作用有非线性分布胶结力情况的裂纹尖端张开位移一般公式，由此导出三点弯曲梁模型和单轴压缩模型的裂纹尖端张开位移表达式及裂纹尖端扩展位移，为冻土非线性破坏过程及特征参数计算提供依据。

第6章　冻土非线性断裂破坏数值模拟

在各种材料的数值断裂破坏模拟中，裂纹尖端的应力场、应变场以及表示裂纹尖端的应力场、位移场的求解都是重要的研究内容。但是，只有极少数简单、特殊的断裂力学问题存在解析解，绝大多数工程实际中所遇到的断裂力学问题都要借助于数值分析的方法才能得到解决。事实上，数值计算已经和理论、试验一起成为科学研究的三大支柱。数值计算对于各种问题的适应性强，应用范围广，它能详细给出各种数值结果，通过图像显示还可以形象地描述力学过程。它能多次重复进行数值模拟，比试验省时又经济。由于裂纹尖端附近的应力场存在奇异性，以致直接应用常规数值方法分析断裂力学问题的效果往往较差，因此需要结合断裂力学的特点发展更有效的数值计算方法。随着断裂力学研究的日益深入，需要求解的问题日趋复杂化和多样化，使得如何建立高效、高精度的计算方法成为学者们研究的热点。由于计算机科学、计算数学和力学等学科的不断发展，用于解决断裂力学问题的数值计算方法不断涌现，从早期的有限差分法、有限元法、边界元法到现在的无网格法、数值流形法、小波数值法、非连续变形分析等，它们正成为推动断裂力学研究不断发展的重要工具。

6.1　断裂力学主要的算法研究

6.1.1　数值计算方法

1. *有限元法*

普遍认为，20世纪60年代初出现的有限元法是计算力学诞生的标志[192]。有限元法是建立在传统的Ritz法的基础上，利用变分原理导出代数方程组求解。它将连续介质离散成有限个单元来进行数值计算，通过对连续体的离散化，在每个单元上建立插值函数，从而建立整个求解区域上的函数，然后利用节点位移求出应力分量。有限元法实现了统一的计算模型、离散方法、数值求解和程序设计方法，从而能广泛地适应求解复杂结构的力学问题。所以，该方法自问世至今已得到了迅猛发展，从最初用于结构和固体力学的计算分析不断向其他领域扩展，也成为分析断裂力学问题的首选数值方法。由于裂纹尖端的奇异性，用普通单元求解应力强度因子往往需要过多的自由度，而自由度数要受计算机的限制，同时解的收敛性也没有保证。为此，学者们提出在裂纹尖端采用特殊的有限单元[193,194]，使其位移模式反映奇异性,这样就不需要细分网格,解的精度也得到了保证。这种用于裂纹奇异性模拟的有限单元称为奇异单元,其中典型的两种是奇应变单元和等参数单元。

对于一个已取定的特定网格,由于其准确解未知,无法对其解作出可靠性判断。为此,人们提出自适应有限元法[195~199],在已求得有限元解的情况下,通过应力恢复、误差估计和新网格自动划分,进而再进行有限元求解,重复这一过程直至得到满意的有限元解。这种基于自适应分析的数值方法,在有效误差估计及初始定义可接受的误差水平的网格基础上,可自动形成高精度的数值分析模型,已经成为数值分析的热点。杨庆生等[193]在研究断裂过程的有限元模拟时,基于自适应有限元法的一般原理,提出了一种简化的高精度和高效率有限元网格的动态重新划分策略,并已在各种裂纹问题中得以实现与应用。文献[198]采用自适应有限元法来确定裂纹尖端塑性区。文献[200]研究了自适应有限元模拟裂纹扩展的网格生成技术,通过修改裂纹周围单元的形状及单元间的邻接关系,实现网格动态划分对裂纹扩展进行跟踪。随机分析是断裂力学发展的一个重要方向,也是结构可靠性评估的基础[199]。随机有限元法在有限元法的基础上,采用随机参数来描述工程实际问题,主要研究内容包括随机变分原理、随机有限元控制方程的建立及其求解。尽管关于随机有限元法的研究起步较晚,但是它在工程实际中却有着广泛的应用,并取得了一定的成果[199,201~203]。文献[199]用幂律非线性随机有限元所提供的位移随机场、应力、应变随机场,进行弹、塑性断裂参数及其变化率的计算。

另外,用于分析断裂力学问题的有限元法研究成果还有:用于动态断裂问题的空一时有限元法,解析法与有限元法相结合的半解析有限元法等。弹塑性有限元法和刚塑性有限元法也有一些应用[204,205]。有限元法的不足之处在于随着计算精度要求的提高,有限元网格的划分十分困难,计算工作量十分庞大,在输入数据的准备上很费事。所以,进一步提高计算效率,降低计算机存储的要求仍然是计算力学算法今后研究的焦点。在断裂问题的数值分析中,有限元法求解裂纹扩展的局限是要么预先知道裂纹的扩展路径,要么必须重新划分网格,这给求解造成了很大的困难。

2. 边界元法

边界元法是继有限元法之后发展起来的一种求解力学问题的数值方法[206]。其构成包含如下三个主要部分:

(1) 基本解的特性及其选用。大多数基本解是前人已经得出的带奇异性的某个特殊问题的解。例如,在无限大弹性介质中的某点沿某方向受一集中力作用时的开尔文解;在无限大弹性介质中沿某个带状平面的两侧有一定量的相对位移时的Crouch解等，边界元法的发展有赖于基本解的深入研究。

(2) 离散化及边界单元的选取。通过Betti互换定理为基础的Somigliana公式将问题转化为边界积分方程，再通过边界离散手段，将边界划分为有限个边界单元，将边界积分方程化为代数方程组求解。

(3) 叠加法与求解技术。当单元划分之后，剩下的主要问题就是将有限个奇异解叠加起来，使其在结点处的结果等于结点上已知的边界值，并由此得出基本方程，求出奇异解的待定量。

边界元法的优点是应用Guass定理使问题降阶，将三维问题化为二维问题，将二维问题化为一维问题，与有限元法相比较，边界型解法需要处理的空间维数少，使得输入数据在准备上大为简化，网格的划分和重新调整更为方便，最后形成的代数方程组的规模也小得多，因此能够大大缩短计算时间和减少计算工作量。边界元法中作为权函数的基本解能严格满足问题的微分方程，基本解的奇异性使最后形成的代数方程组的系数矩阵中对角线和近对角线元素的值远大于其他元素的值，此特点使边界元法的计算精度大大提高，并能较好地处理应力集中、无限域和半无限域问题，特别适用于处理场量变化梯度很大的问题，在解决三维空间和无界域中含裂纹的问题时具有特殊的优点，并保持了较高的精度[207]。对裂纹扩展问题，边界元法只需在包括裂纹在内的边界上划分单元。当裂纹扩展时，仅需在裂纹尖端处加上新的单元。边界元法的缺点是必须求问题的基本解，尤其对于非线性问题，基本解的求出十分困难。用边界元法进行三维裂纹问题的瞬态分析目前主要有时域法、拉氏或傅氏变换法和用静态基本解的对偶互等法三种。Aliabadi[208]、Porteal[209]、陆山和黄其青[210]分别采用二次非协调元技术分析二维和三维一般裂纹问题(边裂纹和非平片裂纹)，使双重边界元法逐步进入实用阶段，并进一步应用于分析二维和三维裂纹扩展问题。后来的双重边界元法的研究逐渐集中在三维裂纹问题上。针对裂纹动态扩展问题，Koller等用边界元法研究了以预定速度扩展的半无限长的裂纹；Gallego等用运动的奇异单元和重新划分网格的方法模拟裂纹的扩展；崔海涛和温卫东[206]、Hagedorn和karl[211]等提出了时域的对偶边界元法，将裂纹体可以当成单域划分单元，使裂纹扩展的计算更为方便。

3. 无网格法

无网格法亦称为无单元法，起源于20年前，但直到近几年，才得到工程界的广泛关注[212~221]。该方法将整个求解域离散为独立的节点，而无须将节点连成单元，它不需要划分网格，从而克服了有限元法在计算过程中要不断更新网格的缺陷。位移场近似采用了基于节点的函数拟合(常规有限元采用单元内节点插值)，可以保证基本场变量在整个求解域内连续。计算过程中可以实时跟踪裂纹尖端区域进行局部细化。将连续的裂纹扩展过程看作多个线性增量，每一个增量内裂纹扩展角根据应力强度因子确定。通过在裂纹尖端细化节点引入外部基函数提高计算精度。因为脱离了单元约束,所以在处理裂纹扩展这类具有动态不连续边界时具有很高的精度和效率。无网格法只需要计算域的几何边界点及计算点,不需要单元信息,因此具有边界元法的优点,且可在裂间布置可移动加密节点以跟踪裂纹扩展,又因为无网格法基本方程的数学基础与有限元法相同,所以它也有有限元法相同的优点,比边界元法应用更广泛。最初,Lucy 在解决无边界天体物理问题时应用了光滑离子方法。刘天祥[219]对光滑离子方法进行了深入研究,将其解释为核近似法。后来无网格法在光滑离子方法的基础上发展了移动最小二乘法、单元分解法等。Nayroles 等[222]首先将无网格法引入边值问题的研究中,并采用移动最小二乘法(moving least squares)构造位移函数;寇晓东,周维恒[218]运用无单元法追踪裂纹扩展;李卧东[221]用无网格伽辽金法模拟裂纹的传播,计算线弹性裂纹体的应力场以及拉剪复合型裂纹尖端的应力强度因子。

4. 数值流形方法

数值流形方法(numerical manifold method)是一种新兴的数值计算方法,由石根华[223]于 1991 年提出,近几年取得不少进展[224~227]。数值流形方法的基本思想是将微分几何的流形原理引入材料分析,以拓扑流形与微分流形为基础,同时吸收有限元中插值函数构造方法与非连续变形分析中块体运动学理论两方面的优势,把连续和非连续变形力学问题统一起来。传统的有限元法一般适用于连续介质问题,但难于分析非连续介质问题。数值流形方法则通过考虑块体运动学或几何学理论,运用张开-闭合迭代,可以自然地处理连续与非连续问题,且适合任意复杂边界条件,同时可以直接应用局部解析解,是经典解析法与现代数值计算方法的有机结合。这种数值计算方法已成为计算力学中的一个研究热点。目前,数值流形方法研究的重点集中在两个方面:①连续与非连续问题的统一分析理论与计算方法;②裂纹与裂缝扩展的数值模拟。数值流形方法具有双重网格,在模拟裂纹扩展的时候,数学网格可以不变,而仅改变物理网格,因此在本质上较有限元法等数值方法更适合于裂纹扩展的模拟。

5. 小波数值方法

小波(wavelet)理论作为一种新的数学工具在近些年得到迅速发展,被广泛应用于信号处理、图像压缩、模式识别、微分方程求解等领域。它因同时在时频两空间具有良好的局部化特性而优于傅里叶分析,并可以随着小波空间的提高聚焦到对象的任意细节,对奇异性分析具有重要意义。文献[228]利用小波具有的良好局部化特性,用小波函数对位移场进行逼近,建立了小波数值计算格式,模拟了裂纹尖端的奇异性问题并求解出裂纹尖端的应力强度因子,结果表明小波数值方法具有良好的数值精度。文献[229]用小波数值方法处理线性和非线性奇异摄动问题，得到了满意的结果。小波数值方法作为一种较新的数学方法，在断裂力学研究中的应用目前还处于初始阶段，仍有待于进一步深入。

6. 其他数值计算方法

位移不连续法(displacement discontinuity method)是一种基于边界积分方程的用于求解结构体的应力场和位移场的数值方法[228]。通过假设裂纹表面位移不连续量分布特征而建立裂纹尖端应力强度因子的计算方法，使裂纹扩展问题的计算得以简化。位移不连续法较之边界元法所需划分的单元减少 1/2，并且在裂纹的扩展过程中不需重新划分网格，只需追加单元即可，所以更适于模拟裂纹的扩展。由于该方法是按裂纹尖端外推点的应力分布，直接由应力强度因子的定义计算应力强度因子的，计算方法本身不受裂纹的几何特征及其分布的影响，从而适用于任何多裂纹问题的求解。卢海星和黄醒春[229]应用裂纹尖端应力强度因子求解线弹性裂纹体的应力场，用最小二乘法确定应力强度因子，并根据线弹性复合型断裂判据进行开裂判断，从而实现裂纹开裂的模拟。超奇异积分方程方法(hypersingular integral equation)是近年来发展起来的一种强有力的求解均质弹性体中三维断裂力学的方法之一[230~232]。用该方法对 I 型三维断裂力学从理论上进行了严格的讨论，汤任基和秦太验[232]对三维任意形状平片裂纹的问题作了更一般性的讨论，并为此建立了有限部积分——边界元数值方法。加权残数法(weighted residuals method)是一个直接从方程出发求近似解的统一而有效的数值方法。它的基本原理是：对于以微分方程或等价的积分方程描述的力学边值问题或初值问题，取某种形式的包含待定参数的近似解(称为试函数)。将试函数代入原方程得出与原问题的差值(称为残数)，然后将残数通过加权平均的方式加以消除，从而得出一组关于待定参数的代数方程或常微分方程。加权残数法具有原理统一、方法简便、灵活多样、工作量小、程序设计简短、计算速度快、计算精度高等优点。

有限差分法(finite difference method)是最早出现的一种数值计算方法，它从数学的角度用差分代替微分，将力学中的微分方程转化为代数方程，从而大大拓宽了力学学科的应用范围。该方法主要用于区域较为规则的问题，区域几何形状复杂时计算进度有所降低。但对于有些问题，有限差分法有其独到的优势。

边界配置法(boundary collocation method)是一种半解析的边界型数值方法，所包含的近似也只在表面。其思路是选择满足控制方程和裂纹表面边界条件的函数，该函数在其余边界上仅满足有限个点的条件，从而得到近似的解。边界配置法具体实施时，针对问题的特点，采用的权函数和试函数能使计算精度大大超过其他纯数值分析方法。实际上，对于不存在解析解的断裂力学问题，由边界配置法得到的数值解常被当做衡量其他数值方法所得结果准确程度的“精确解”。边界配置法主要用于求解二维裂纹问题，具有灵活、计算量小等优点，但其对裂纹的几何形状有一定的限制，且目前尚不能处理三维空间中的裂纹问题，是其不足之处。

除上述的几类数值方法以外，还有许多正在发展的数值方法，如无界元法、样条半解析法、摄动半解析法、模态综合法和有限元线法等，在此不再展开论述。

6.1.2 半解析数值方法的研究

随着断裂力学问题研究的进一步深入，同时追求计算效率高、内外存低的算法，单纯的数值法难以胜任进一步的研究需要。一些有识之士把眼光放在了一度被数值方法研究者所忽略的解析方法上，他们将解析方法与数值方法相结合，发挥各自的优势，不但大大提高了解题效率，而且开拓了计算断裂力学算法研究的新领域一半解析数值方法。

近年来，半解析数值方法是计算断裂力学法研究中的焦点。下面就几个典型的方法进行论述。

1. 分域半解析数值方法

分域半解析数值方法以边界元法、体积力法和边界积分法为代表。边界元法和体积力法都将考察区域的应力场通过边界上的未知量来表达，事先均需知道问题的基本解，所不同的是边界元法以 Betti 互易定理为基础，而体积力法则是以叠加原理为基础通过基本解的叠加来进行求解的。边界积分法则运用积分技巧，将问题化为在边界上的积分来进行求解。边界元法的缺点是方程系数矩阵是非对称且几乎完全稠密的矩阵，体积力法的不足在于需要用外推等方法才能得到较好的精度。Jin 提出了求解裂纹应力强度因子的表面积分法。对于近 25 年来断裂力学中的边界元法研究成果，Aliabadi 在 1997 年进行了全面的综述。

2. 分部半解析数值方法

分部半解析数值方法主要是权函数法。由 Bucckener 和 Rice 提出的权函数可解释为在裂纹体荷载作用面上作用有单位力所产生的强度因子。权函数法的关键是先求出权函数，其解函数不同于 FEM 中的全离散型解函数和分向解析法中的半解析型函数，而是采用了由试函数及待定系数组成的解析型解函数，但通常求解这种解函数(权函数)存在一定的困难。自 20 世纪 90 年代以来，在求解权函数方面有了一定进展。作为分部半解析数值方法之一的最小二乘法，也在求解应力强度因子中得到应用。

3. 分向半解析数值方法

分向半解析数值方法主要有半解析有限元法和半解析无限元法，其中以半解析有限元法的研究比较活跃。半解析有限元法将解析法与有限元法相结合,各取所长,发挥各自的优势。最近,邹贵平和唐立民提出了应用于断裂力学问题的有限元法与状态空间相结合的方法。Chow 等提出了通过虚设回路积分进行有限元计算的方法等。本章拟采用这种分向半解析数值方法即半解析有限元法来模拟冻土的非线性断裂破坏过程。

4. 分区半解析数值方法(混合法)

分区半解析数值方法在不同的区域采用不同的方法,能集中多种方法的优点。近年来,提出许多求解断裂问题的应力强度因子的混合方法。

5. 边界配置法

边界配置法主要用于求解二维裂纹问题,具有灵活、计算量小等优点。其思路是选择满足控制方程和裂纹表面边界条件的函数,该函数在其余边界上仅满足有限个点的条件,从而得到近似的解。主要有 Williams 应力函数边界配置法、复变应力函数边界配置法、映射-配置法以及改进的映射-配置法等。该法特别适合于有限板或裂纹分布复杂问题的应力强度因子求解。

除上述的几类半解析数值方法以外,还有许多正在发展的半解析数值方法,如无界元法、样条半解析法、摄动半解析法、模态综合法和有限元线法等,在此不再展开论述。

6.2　冻土非线性断裂过程的数值模拟的计算方法

本章在第3章的基础上对冻土断裂破坏过程进行数值模拟,编制了相应的程序,对张拉型及压缩型断裂破坏应用了解析方法与有限元法相结合的方法进行计算分析,对I-II复合型这一类比较复杂的断裂机理采用了完全的数值模拟计算方法,最后将数值模拟的结果与试验进行了对比,结果比较理想。

6.2.1　张拉型及压缩型的破坏过程数值模拟方法

由于冻土断裂破坏的特殊性,加之裂纹尖端计算的复杂性,本章计算模拟所用的方法为解析方法与有限元法相结合的方法,由外荷载引起的断裂破坏用有限元法计算,而在裂纹尖端附近考虑胶结力作用时用解析法来计算。由外荷载引起的裂纹尖端应力强度因子为 $K_{\mathrm{I}(\sigma)}$,由胶结力引起的裂纹尖端应力强度因子为 $K_{\mathrm{I}\sigma(x)}$,根据虚拟裂纹的假设,在裂纹尖端应力强度因子为零,即有

$$K_{\mathrm{I}(\sigma)}+K_{\mathrm{I}\sigma(x)}=0 \tag{6.1}$$

由此便可计算出裂纹扩展长度,用此长度便可求新的胶结力大小,然后又由胶

结力求下一个扩展长度和张开位移,以此循环计算,便可求得断裂破坏参数及破坏过程,计算方法示意图如图 6.1 所示。

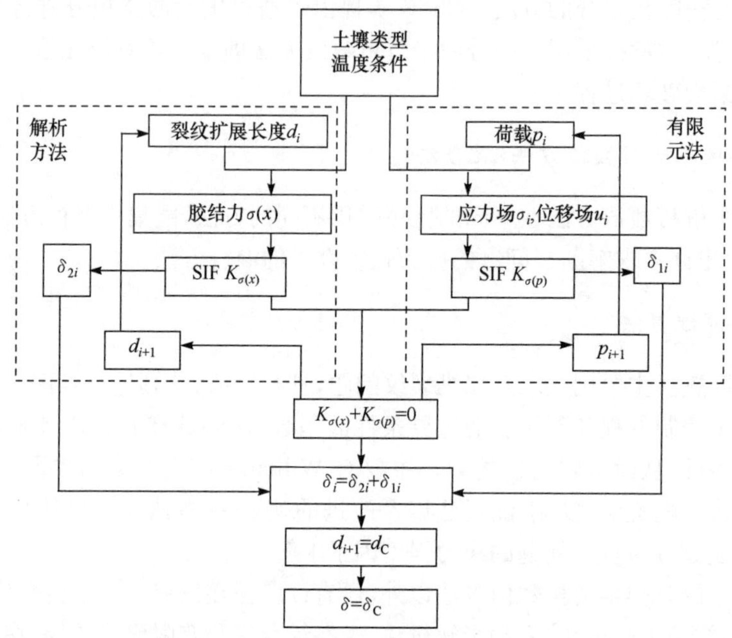

图 6.1　非线性数值计算模拟方法示意图

计算程序的流程图如图 6.2 所示,该程序共有两个循环,第一个循环来计算 δ_1,第二个循环来计算扩展位移 d,也就是微裂纹损伤区的长度。整个加载过程为准静态过程,随着荷载的不断增加,根据第 3 章内容所推导的裂纹尖端张开位移及扩展位移的表达式,程序自动计算出每一荷载步中的裂纹尖端的张开位移及扩展位移,直到试样达到失稳破坏,程序结束。

为了说明计算方法和计算过程,现以三点弯曲加载的破坏过程为例,进行试算。试样尺寸:长 $L=400$mm,高 $H=100$mm,厚度 $W=100$mm,初始裂纹长度 $a=30$mm。程序计算流程:先对其进行弹性分析,加一初始外力 P,利用有限元网格划分计算,得到应力场后提取裂纹尖端应力值,并与冻土的抗拉强度对比,如果小则继续加载,大则进行弹塑性分析,裂纹尖端会有一部分进入了塑性区域,利用编程提取出进入塑性区域的尺寸面,然后利用冻土的胶结力模型(图 5.8)加一段虚拟的扩展裂纹 d_i,并在虚拟裂纹上加虚拟胶结力 $\sigma(x)$,对 d_i 要进行循环迭代求解,将得到的 d_i 代入到下一次循环,重新建模,再次分析提取 d_i,直至其收敛,得到准确值,分别在裂纹尖端张开位移 δ 和裂纹口处提取 y 方向的张开位移 y_{cra},然后增加荷载,进入下一个循环,当 $d_i=d_C$ 时结束。将每一次循环得到的 d_i、δ、P、y_{cra} 输出。

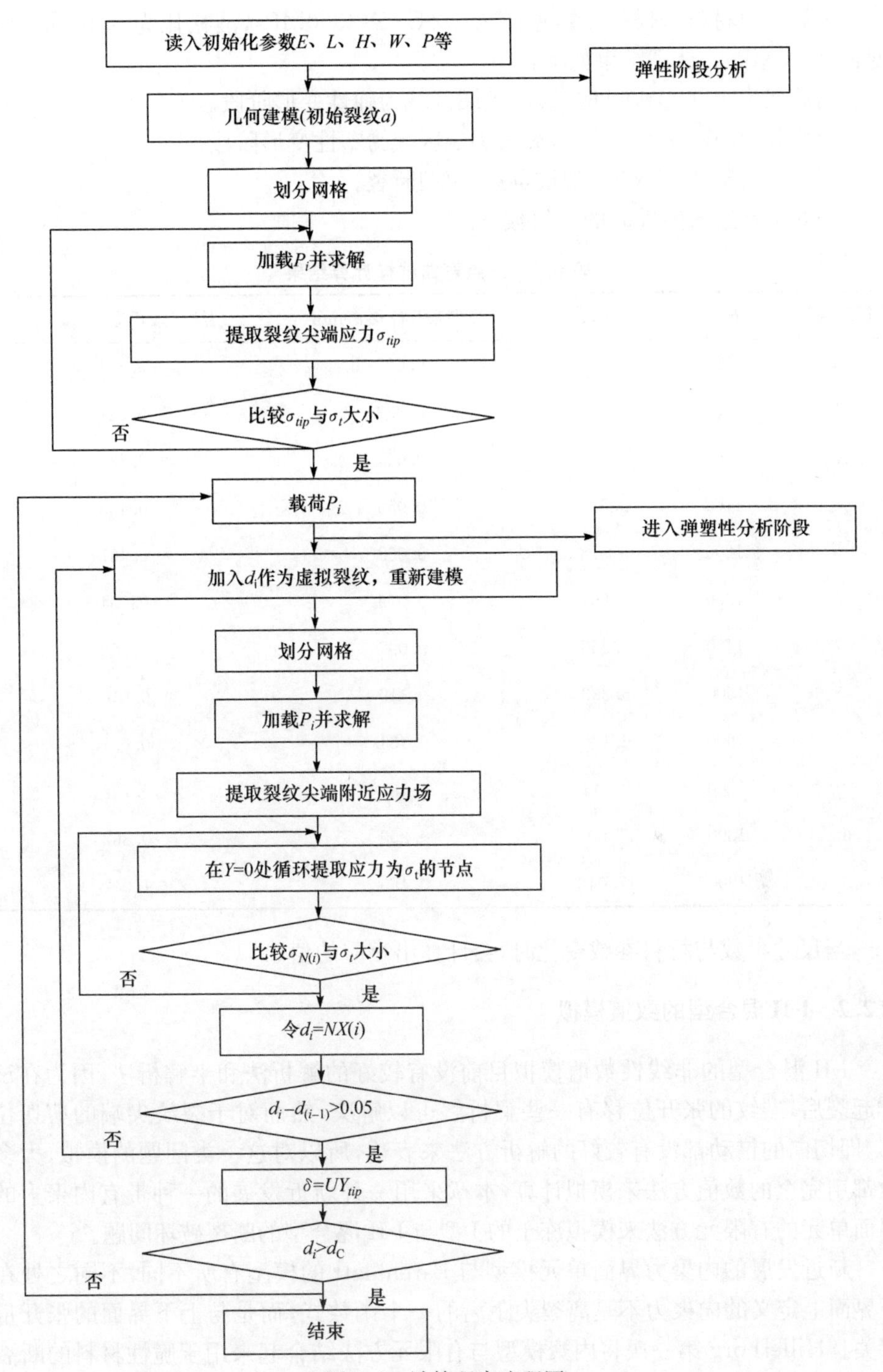

读入初始化参数E、L、H、W、P等
弹性阶段分析
几何建模(初始裂纹a)
划分网格
加载P_i并求解
提取裂纹尖端应力σ_{tip}
比较σ_{tip}与σ_t大小
否
是
载荷P_i
进入弹塑性分析阶段
加入d_i作为虚拟裂纹，重新建模
划分网格
加载P_i并求解
提取裂纹尖端附近应力场
在Y=0处循环提取应力为σ_t的节点
比较$\sigma_{N(i)}$与σ_t大小
否
是
令d_i=NX(i)
$d_i-d_{(i-1)}$>0.05
否
是
$\delta=UY_{tip}$
$d_i>d_C$
否
是
结束

图 6.2　计算程序流程图

试算一组材料，材料参数：温度为－2℃，E＝300MPa，泊松比为 0.35，抗拉强度 σ_t＝2.5MPa。计算结果如下：

当荷载为 100～700N 时，裂纹尖端区域为弹性变形阶段。

当荷载为 700～2000N 时，裂纹尖端区域为塑性变形阶段。

当荷载大于 2000N 时，裂纹贯穿，模型断裂。

表 6.1 是进入塑性时的一组数据。

表 6.1　三点弯曲试样计算结果

循环次数	F/N	D_i/mm	裂尖张开位移 δ/mm	裂纹口张开位移 Y_{cra}/mm
1	800	1.113	0.025	0.301
2	900	1.654	0.033	0.342
3	1000	2.250	0.044	0.383
4	1100	2.588	0.055	0.423
5	1200	3.078	0.068	0.467
6	1300	3.664	0.079	0.504
7	1400	4.250	0.097	0.563
8	1500	5.233	0.119	0.616
9	1600	6.120	0.134	0.651
10	1700	8.243	0.181	0.732
11	1800	11.005	0.259	0.862
12	1900	17.048	0.450	1.012

当尺寸参数与材料参数变化时，会计算出相应的值。

6.2.2　I-II 混合型的数值模拟

I-II 混合型的非线性数值模拟目前没有较好的解析法和半解析法，因为在试样起裂后，裂纹的张开位移有一些解析解可以解决，然而对于裂纹尖端的剪切位移，即切向的错动都没有较好的解析方法来表达，所以对这一类问题的模拟，大多数都用完全的数值方法来模拟计算，本章采用一种新近发展的一种带有内聚力的界面单元的有限元方法来模拟冻土的 I 型与 I-II 混合型的断裂破坏问题。

新近发展的内聚力界面单元模型与 Barenblatt 的模型有所不同，不同之处在于界面上定义的内聚力不是离裂尖距离的一个函数式，而是与上下界面的张开量有关。Hillerborg 第一次将内聚模型与有限元方法结合起来用于脆性材料的断裂模拟。Needleman 则将此方法用于对延性材料的断裂模拟。

材料的裂开是通过内聚单元来描述的，而内聚单元的张开量是通过上下界面的位移变化来计算的，一般采用局部坐标系来定义张开量 δ，也就是说 δ_N 为法向张开量，δ_T 为切向张开量，张开量决定了作用在界面上的法向力和切向力。当法向张开量或切向张开量达到了一个临界值 δ_{T0} 或 δ_{N0}。连续单元就出现分离，即意味着此点的材料已经失效。

$T(\delta)$曲线（内聚力-张开量关系，也称为解黏关系或者说是界面的本构关系），表述了材料的内聚关系。由于内聚模型是一种唯象模型，很难找到证明该采用什么样的 $T(\delta)$，所以 $T(\delta)$ 只是一种近似量化关系。不同的作者所采用的曲线形状各不相同，不过有两点是一致的：①都含有两种材料参数 δ_0 和 T_0；②完全失效后，内聚力为零，$T(\delta \geqslant \delta_0)=0$。

几种常见的内聚关系如图 6.3 所示。

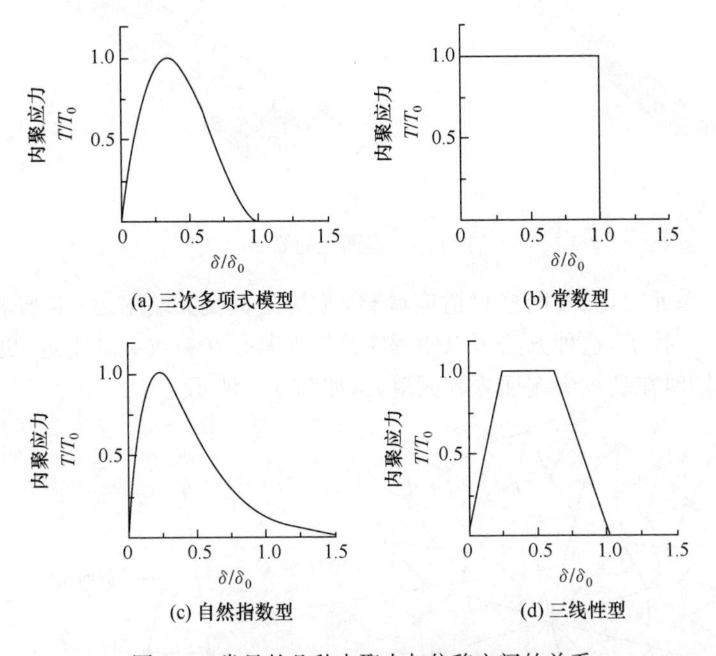

图 6.3　常见的几种内聚力与位移之间的关系

指数型的界面元内聚力模型由 Xu 和 Needleman 提出，在这里，表面势能表达式为

$$\varphi(\delta)=\mathrm{e}\sigma_{\max}\bar{\delta}_n\left[1-(1+\Delta_n)\mathrm{e}^{-\delta_n}\mathrm{e}^{-\delta_t^2}\right] \tag{6.2}$$

式中，$\varphi(\delta)$为表面势能；e 取 2.7182818；$\sigma_{\max}$为界面处最大拉应力；δ_n 为最大拉应力时法向方向上的位移；δ_t 为最大切应力时剪切方向上的位移。

四节点的界面元如图 6.4 所示，其中界面元的吸附力很重要，它可以表示为

$$T=\frac{\partial\varphi(\delta)}{\partial\delta} \tag{6.3}$$

从式(6.2)和式(6.3)中可以得到界面元的法向黏聚力为

$$T_n=\mathrm{e}\sigma_{\max}\delta_n\mathrm{e}^{-\delta_n}\mathrm{e}^{-\delta_t^2} \tag{6.4}$$

同时也可得到切向黏聚力

$$T_t=2\mathrm{e}\sigma_{\max}\frac{\bar{\delta}_n}{\bar{\delta}_t}\delta_t(1+\delta_n)\mathrm{e}^{-\delta_n}\mathrm{e}^{-\delta_t^2} \tag{6.5}$$

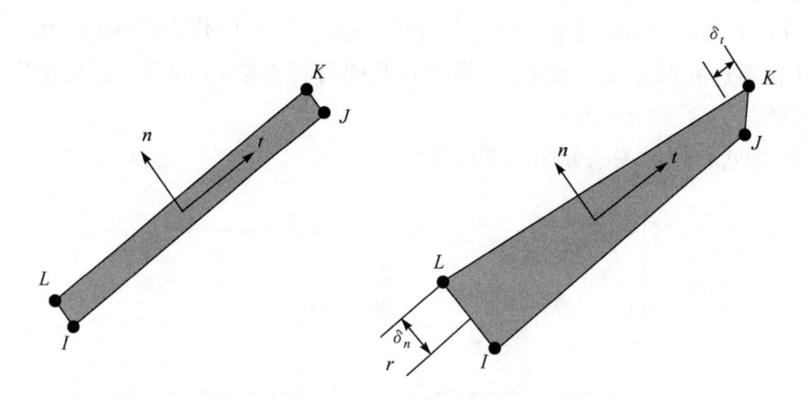

图 6.4　界面元的简图

在划分单元时，需要网格自适应调整，尤其在裂纹尖端附近，本章采用了“insert-separate”技术，这种方法可以使程序计算尤其是在裂纹尖端附近，更加节约时间及内存，同时在裂纹尖端插入界面单元，如图 6.5 所示。

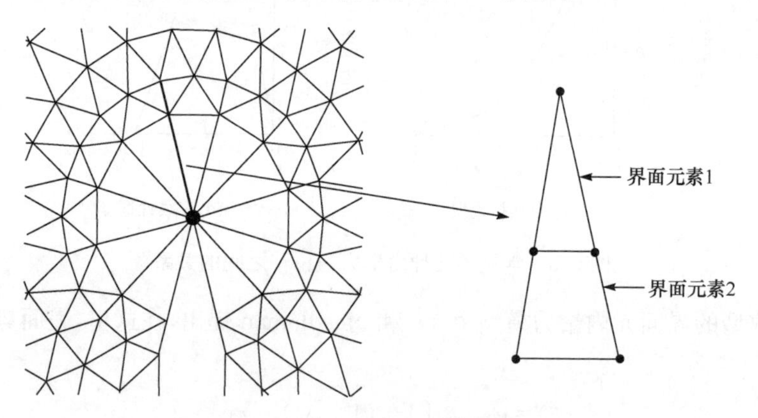

图 6.5　裂纹尖端附近的网格划分

裂纹的扩展过程采用应变能释放率准则，当裂纹尖端某一区域达到了最大应变能释放率，裂纹便将要在此开裂并扩展，这时插入界面单元，继续增加荷载，直至试样断裂破坏。程序设计流程如图 6.6 所示。

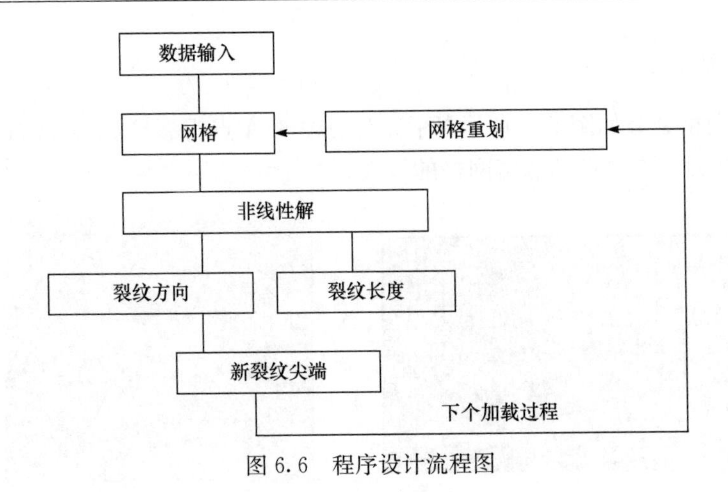

图 6.6　程序设计流程图

6.3 数值算例

6.3.1 三点弯曲梁模型

1. 计算模型

三点弯曲梁模型如图 6.7 所示,计算条件如表 6.2 所示。

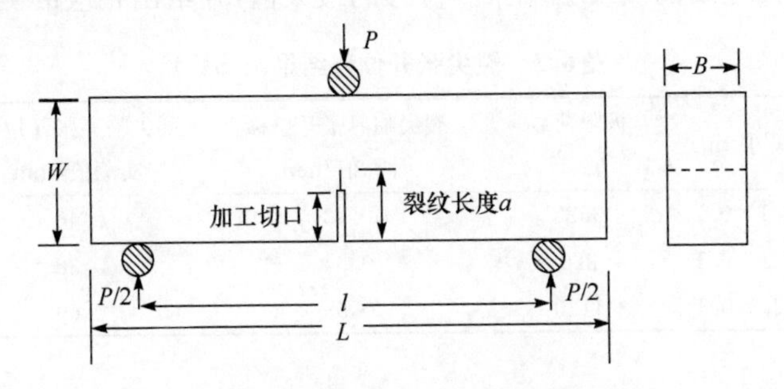

图 6.7　冻土三点弯曲试样图

表 6.2　三点弯曲梁计算条件

温度/℃	弹性模量/MPa	泊松比 υ	K_{IC}/(MPa · $m^{1/2}$)	σ_t/MPa
−2	400	0.25	0.266	1.2
−5	550	0.25	0.348	1.7
−7	600	0.28	0.531	2.2
−10	700	0.28	0.650	2.7
−15	800	0.30	0.734	3.2

2. 网格划分

计算网格划分如图 6.8 所示,图 6.8(a)中的 A 点为裂纹尖端,A-B 为初始裂纹,图 6.8(b)为裂纹尖端加密网格的放大。

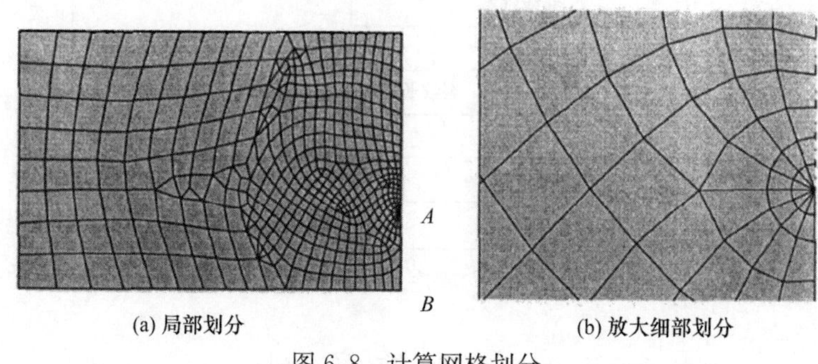

(a) 局部划分　　(b) 放大细部划分

图 6.8 计算网格划分

3. 计算结果

计算了不同温度、尺寸及土质的裂纹尖端张开位移随着外荷载的增加而扩展的过程,图 6.9 给出了粉土在不同温度下的裂纹尖端张开位移扩展的过程。表 6.3 给出了不同土质的裂纹尖端张开位移的最大值,并给出相应的测试结果。

表 6.3 裂尖张开位移结果(−5℃)

土质	模型尺寸/m	极限荷载 P_{max}/N	裂尖临界张开位移计算值/mm	裂尖临界张开位移实测值/mm	误差/%
黏土	0.3×0.1×0.1	3520	0.43	0.46	1.5
砂土	0.3×0.1×0.1	320	0.34	0.38	9.1
粉土	0.3×0.1×0.1	1120	0.55	0.49	12.2

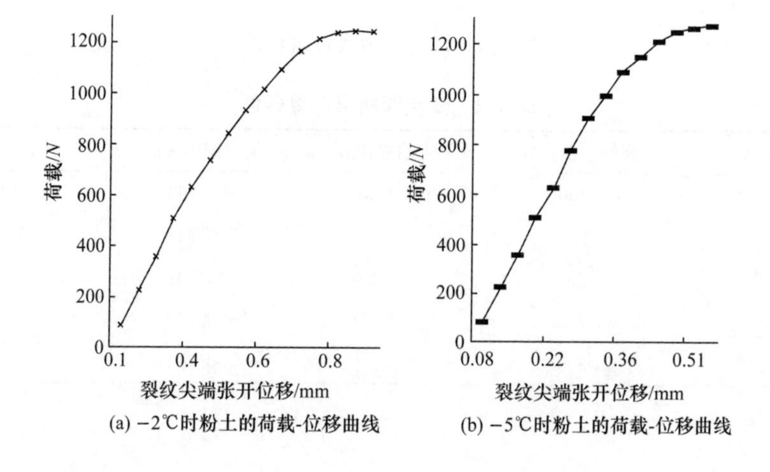

(a) −2℃时粉土的荷载-位移曲线　　(b) −5℃时粉土的荷载-位移曲线

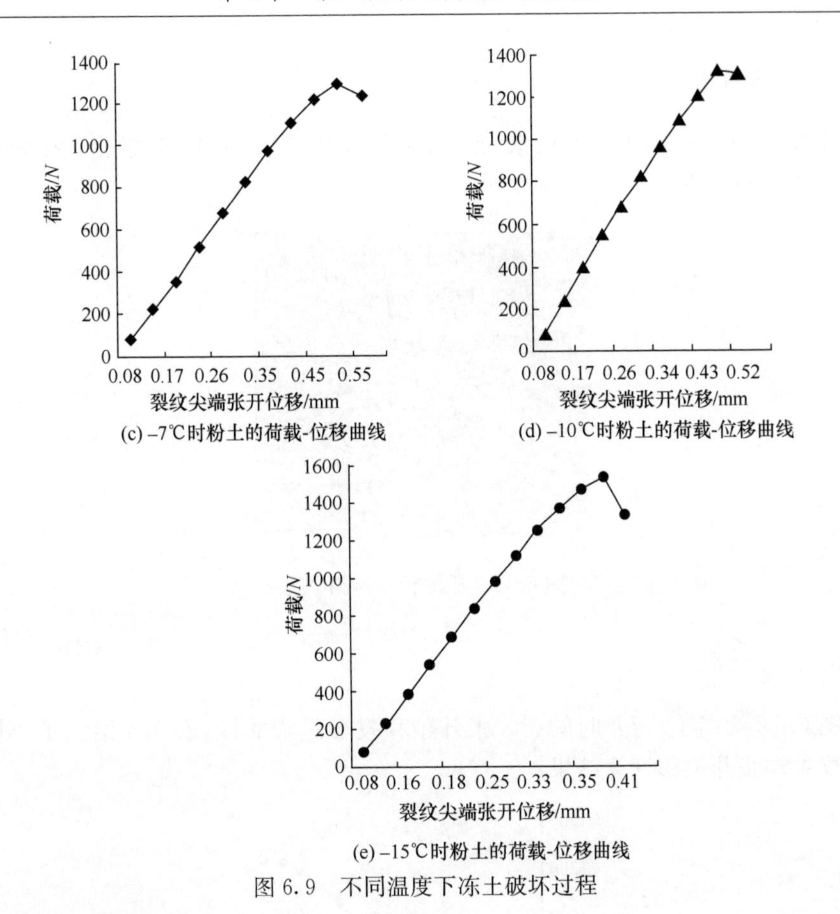

(c) −7℃时粉土的荷载-位移曲线

(d) −10℃时粉土的荷载-位移曲线

(e) −15℃时粉土的荷载-位移曲线

图 6.9　不同温度下冻土破坏过程

6.3.2　压缩模型结果

1. 计算模型

计算模型如图 6.10 所示,图 6.10(a)为矩形板,左右为固定约束,上下为分布应力,中间斜裂纹(45°)。图 6.10(b)为取 1/4 部分,0-1 为初裂纹,0-2 为虚拟裂纹,表面有胶结力 $\sigma(l)$。

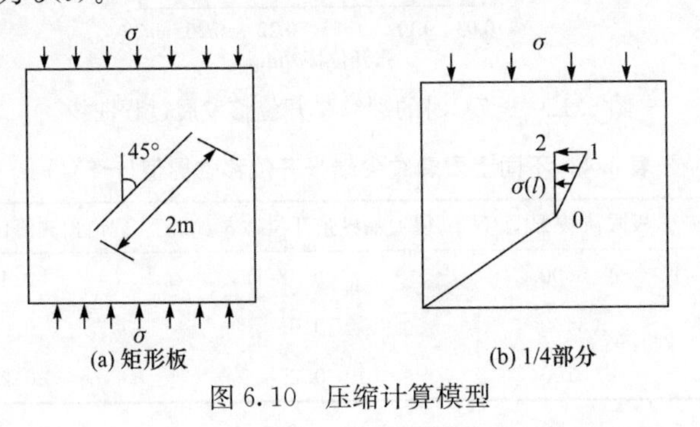

(a) 矩形板　　(b) 1/4部分

图 6.10　压缩计算模型

2. 网格划分

采用 Plane82 单元，并在裂纹尖端附近用 Kscon 命令加密，划分网格如图 6.11 所示。

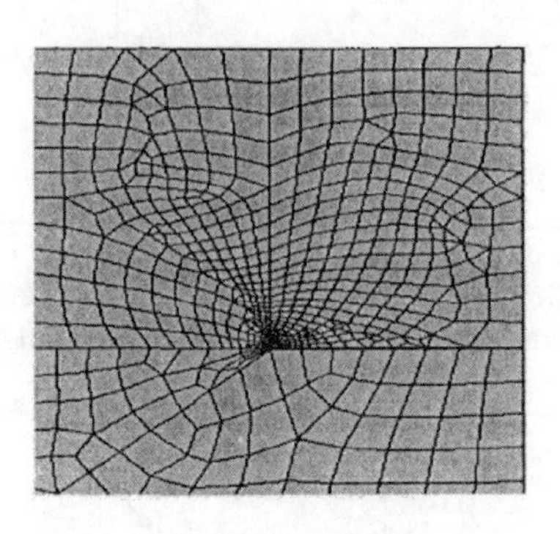

图 6.11　压缩模型网格划分

3. 计算结果

图 6.12 给出了−7℃时的裂纹张开位移发展过程曲线，表 6.4 给出了不同土质裂纹尖端张开位移计算结果。

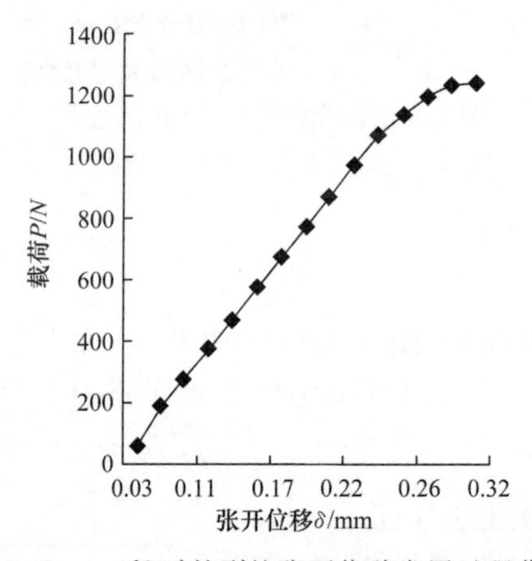

图 6.12　−7℃时的裂纹张开位移发展过程曲线

表 6.4　不同土质裂纹尖端张开位移临界值(−5℃)

土质	模型尺寸/m	极限荷载 P_{max}/N	裂尖临界张开位移 δ_c/mm	理论预测值位移 δ_c/mm	误差/%
黏土	1×1.4×0.5	5600	0.38	0.40	5
砂土	1×1.4×0.5	3400	0.05	0.06	16
粉土	1×1.4×0.5	5100	0.29	0.26	11

6.3.3　I-II 复合型断裂试样的数值模拟结果

复合型断裂试样如图 6.13 所示，它的初始裂纹偏离试样中心一定距离(图中所示为 60mm)，受力形式同 I 型断裂试样。

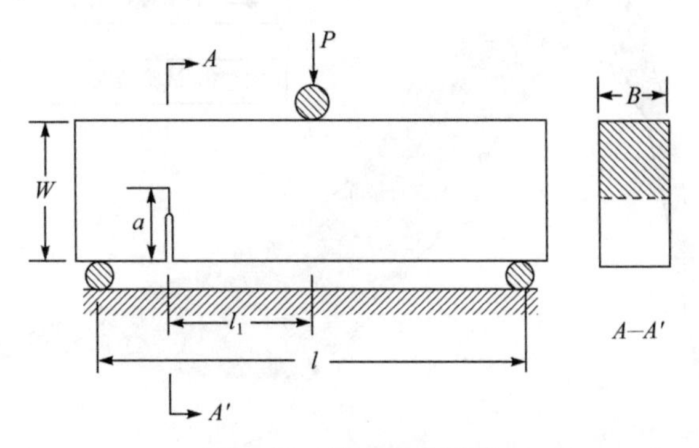

图 6.13　冻土复合样式

从图 6.14 可以看到，试样的裂纹扩展路径由初始裂纹尖端开始，偏离中心位置并向试样顶端发展，符合典型的复合型断裂裂纹扩展路径。试样的详细扩展过程如图 6.14 所示。图 6.15 将数值模拟的断裂扩展路径与试验所得的扩展路径相比较，可以看出两者比较一致，但前者的扩展轨迹更靠近试样中心一些，造成这种结果的原因是模拟的数据还是偏于保守一些。

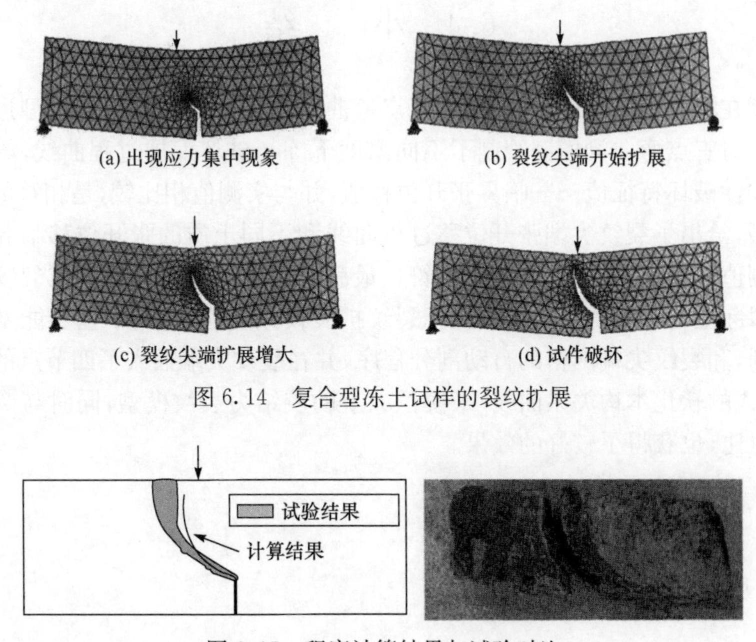

图 6.14　复合型冻土试样的裂纹扩展

图 6.15　程序计算结果与试验对比

在图 6.16 中,实曲线代表程序计算的力与裂纹嘴张开位移曲线,与试验数据对比,其各个阶段的数值较低,但整个模拟的趋势过程与试验数据符合得很好。

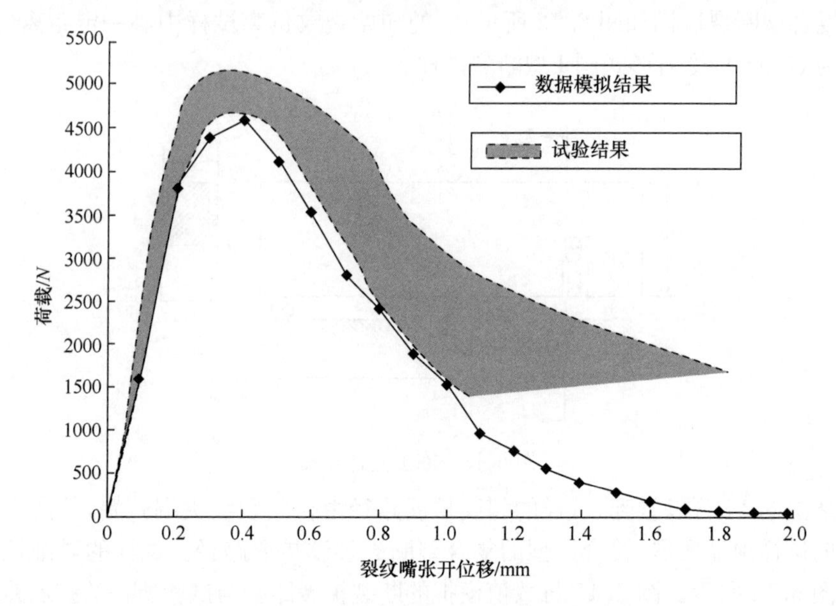

图 6.16　复合型试样荷载与裂纹嘴张开位移的关系

6.4 小　　结

本章在第 5 章的基础上,分别对三点弯曲梁模型和有侧限压缩模型进行了数值计算。对三点弯曲梁模型绘制了不同温度下冻土破坏发展过程曲线,给出不同土质非线性破坏特征值——临界张开位移值,并与实测值相比较,是相符的。对压缩时模型,给出了裂纹尖端张开位移过程曲线和不同土质的张开位移临界值并与理论预测值进行了比较,二者基本相符。最后应用基于有限元的离散裂纹单元来自动模拟冻土的 I-II 复合型断裂破坏裂纹扩展模拟过程,应用了基于能量的裂纹扩展准则,和裂纹尖端网格的自动剖分程序,并在裂纹尖端插入了四节点的界面元(指数形式的软化本构关系曲线)来模拟冻土的胶结力裂纹模型,同时与试验结果进行了对比,也获得了较好的效果。

第7章　结　　论

7.1　研究的主要结论

本书主要是建立了适用于冻土脆性破坏的冻土断裂破坏准则。为了确定该准则中冻土材料的断裂韧度参数，还针对辽宁省的沈阳和大连两地不同土质的原状冻土进行了现场断裂韧度测试试验，并建立了其同室内重塑冻土断裂韧度值之间关系。同时，还针对冻土翼型裂纹压缩断裂这一新型试样进行了断裂韧度测试试验，找出了其随裂纹倾角、加载速率和温度变化的规律。此外，本书另一重要内容就是基于冻土体的非线性本质，充分考虑冻土特有的胶结力的作用，充分考虑冻土自身存在的大量缺陷，基于非线性断裂力学理论，提出了冻土非线性胶结力断裂破坏模型，然后对表征胶结力裂纹模型的裂纹尖端张开位移表达式及裂纹尖端扩展表达式进行了推导计算，再结合有限元法，提出了一种含有非线性参数的半解析有限元法，从而发展冻土非线性断裂破坏的基本理论。这充分考虑了冻土体的非线性特征：建立非线性断裂模型和计算方法，可进行断裂过程计算和非线性断裂参量计算。从理论体系上拓宽冻土力学的新内涵，为冻土工程应用提出更坚实的理论基础。现将主要结论概括如下。

(1) 在肯定了以往冻土强度分析中所采用的莫尔-库仑准则的基础上，指出了其存在的不足和局限性，进而讨论了断裂力学理论在冻土材料中的适用性，研究了冻胀力与冻土断裂韧度的关系，引进了冻土断裂韧度作为指标，建立了适用于冻土脆性破坏的断裂破坏准则，可表示为 $K_{fi}=K_{fci}$，其中 K_{fi} 为与冻胀力和冻土中微裂纹有关的参数，K_{fci} 为表征冻土材料性能的参数。其中下标 i=I、II、I-II，分别表示冻土弯曲断裂模型的 I 型（张拉型）破坏、II 型（剪切型）破坏和压缩断裂模型的 I 型（张拉型）破坏、I-II 复合型（拉、剪复合型）破坏[149]。冻土传统意义上的强度破坏准则与应用断裂力学理论的断裂破坏准则有着本质区别，前者是根据材料受力后内部所产生的应力同材料自身抵抗应力变化的能力之间的关系作为判断标准的；而基于脆性断裂力学理论的断裂破坏准则则是从材料自身存在的初始裂纹尖端的应力场出发，研究材料受力后所产生的应力强度因子同材料自身的断裂韧度特性之间的关系作为判断材料破坏的标准的。它同现有强度理论相比较具有两个明显的特征：①它把冻胀力、微裂纹和断裂韧度等参数联系起来，突出地反映了冻土材料特殊的本质和特征；②在这个准则中，强度破坏的对象是既包括冻土作为地基材料的破坏，也包括冻土作为环境条件（低温环境）所引起的基础、界面、上部或地下结构物的破坏，因此，它是“广义”上的破坏概念。

同时，还就冻土断裂破坏准则的适用条件和应用范围进行了讨论并得出：冻土在脆性破坏条件下或在小范围屈服条件下，该断裂破坏准则是适用的。

(2) 首次对现场原状冻土进行了断裂韧度的测试。针对原状冻土没有被扰动，土体内在微细观结构没有发生变化的特点，给出了试样加工与制备，初始裂纹的预制及测量的现场试验操作方法；通过对当地冻胀量的观测，给出了不同冻深的冻胀量、冻深与冻结时间的关系，以此来控制试样制作及试验的温度；改造了更为适合于现场测试的试验装置，从而建立了适合于原状冻土现场测试的新方法。在此基础上，分别对大连地区、沈阳地区不同土质的原状冻土进行了断裂韧度的现场测试，给出了现场原状冻土弯曲断裂破坏Ⅰ型、Ⅱ型和Ⅰ-Ⅱ复合型断裂韧度的测试结果，为应用冻土断裂破坏准则提供了符合实际的断裂韧度参数。原状冻土断裂韧度现场测试方法不仅保持了冻土体内固有的结构，而且更重要的是反映了土体的冻结历史，就是说测试结果是反映某一特定冻结时期、冻结状态的参数值。这种反映冻土特性的参数值是更符合冻土实际的，是更合理的、具有重要的理论意义和工程应用价值。特别是找出了室内断裂韧度测试结果同现场原状冻土断裂韧度的测试结果之间的关系，确定了两者之间的关系方程，这对冻土断裂破坏准则在实际中的应用来说具有更重要的意义。

(3) 针对冻土翼型斜裂纹试样，进行了压缩断裂的断裂韧度测试研究。分别就其在不同的倾斜角度、试验温度及加载速率下进行试验，获得了压裂断裂模型(方法一)和压剪断裂模型(方法二)的断裂韧度值，同时还讨论了断裂韧度与裂纹倾角、冻土温度及加载速率的关系。得出如下新认识：

① 无论哪种断裂模型，断裂韧度值都随倾角的增加而增大，说明了倾角越大，其抵抗断裂破坏的能力越大，当倾角达到90°时，裂纹处于闭合状态；

② 断裂韧度随温度的降低而增加，且对温度的变化比较敏感。断裂韧度随加载速率的变化只在低速率时比较明显，而在较高的速率时，断裂韧度值变化平缓，说明此时其对加载速率的变化不敏感；

③ 方法(一)与方法(二)的结果在$\beta=35°$时发生转折，即$\beta<35°$时，方法(一)的结果要大于方法(二)的结果；而当$\beta>35°$时，方法(一)的结果则小于方法(二)的结果。因此，$\beta=35°$是具有重要意义的参数值；

④ 证明了试样断裂时裂纹开裂的走向，即开始段裂纹垂直初裂纹，而后，裂纹的走向与主应力平行，如此断裂过程，可通过进一步地做微观分析提供依据。

⑤ 本书对冻土微裂纹形貌、演化规律以及微裂纹尺度大小进行了识别与确认，将其主裂纹视为初始裂纹，进行了冻土非线性断裂破坏的特征研究，提出了非线性胶结力裂纹模型。在荷载的作用下，描述了冻土破坏的演化过程，在其初始裂

纹前端存在有微裂纹损伤区，并对微裂纹损伤区的大小及形态进行了定性和定量分析，在一定条件下，可将微裂纹损伤区的大小转化为当量裂纹，作为断裂力学中的裂纹扩展量。然后在其他研究工作的基础上，根据试验研究的结果，分别讨论了张拉型破坏和压缩破坏的胶结力模型，给出了冻土非线性破坏的过程及特征参数进行定量计算与分析公式，为后面的冻土试样的模拟计算打下基础。

⑥ 针对非线性胶结力裂纹模型，依据帕里斯公式，分别推导了在均布外力作用下，裂纹面上作用有非线性分布胶结力情况的裂纹尖端张开位移一般公式，由此导出了三点弯曲梁模型和单轴压缩模型的裂纹尖端张开位移表达式及裂纹尖端扩展位移，为冻土非线性破坏过程及特征参数计算提供依据。

⑦ 分别对三点弯曲梁模型和有侧限压缩模型进行了数值计算。对三点弯曲梁模型计算了不同温度下冻土破坏发展过程曲线，给出不同土质非线性破坏特征值——临界张开位移值，并与实测值相比较，结果是相符的。对压缩时模型，给出了裂纹尖端张开位移过程曲线和不同土质的张开位移临界值并与理论预测值进行了比较，二者基本相符。最后应用基于有限元的离散裂纹单元来自动模拟冻土的I-II复合型断裂破坏裂纹扩展模拟过程，应用了基于能量的裂纹扩展准则和裂纹尖端网格的自动剖分程序，并在裂纹尖端插入了四节点的界面元(指数形式的软化本构关系曲线)来模拟冻土的胶结力裂纹模型，同时与试验结果进行了对比，也获得了较好的效果。

⑧ 采用基于能量的观点，首先通过测试试样的非线性参数用来求出非线性应变能释放率即非线性断裂韧度。然后对沈阳地区的土质所进行的原状冻土非线性断裂破坏试验。着重对I型、II型、I-II复合型断裂破坏的三(四)点弯曲直裂纹试样进行了试验研究，并用染色剂对裂纹尺寸采用着色法观测。通过对当地土质进行分层冻胀量的观测，得出不同埋深处的冻胀量、冻融的关系，并以此来严格控制试样制作和试验时的温度，对I型非线性断裂韧度进行了两种试样的试验测试。给出了关于冻土的三种试样非线性断裂韧度测试方法的结果，这是对原状冻土非线性断裂力学试验的进一步的探索和尝试。

⑨ 采用修正因子法求非线性断裂韧度。在得出表观断裂韧度的基础上，通过修正因子法来求得非线性断裂韧度，以期与非线性应变能释放率的方法对比。同样对I型、II型断裂的冻土试样进行断裂破坏试验，得出的相应结果与基于能量法做的试验数据比较一致。

7.2 主要创新点

(1) 应用断裂力学理论与方法，结合冻土破坏特征与冻土自身特点，建立了冻土断裂破坏准则。其表达式为$K_{fi}=K_{fci}$，其中K_{fi}为与冻胀力和冻土中微裂纹有关的参数，K_{fcz}为表征冻土材料性能的参数。这个准则与传统强度准则比较，特点是：①它把冻胀力、微裂纹和断裂韧度等参数联系起来，突出地反映了冻土材料特殊的本质和特征；②在这个准则中，断裂破坏的对象既包括冻土作为地基材料的破坏，也包括冻土作为环境条件(低温环境)所引起的基础、界面、上部或地下结构物的破坏。因此，该准则是对传统强度准则的补充和发展，是对冻土力学基本理论和研究内容的开拓。将该准则应用到对两个水工建筑物的冰冻破坏问题的分析和计算中，弥补了传统方法不能进行强度分析的局限性，给抗冰冻破坏设计提供了理论依据，从而为冻土工程的抗冻害破坏强度分析提出了一个新途径。

(2) 首次对现场原状冻土进行了断裂韧度的测试。针对原状冻土没有被扰动、土体内在微细观结构没有发生变化的特点，给出了试样加工与制备、初始裂纹的预制及测量的现场试验操作方法；通过对当地冻胀量的观测，给出了不同冻深的冻胀量、冻深与冻结时间的关系，以此来控制试样制作及试验的温度；改造了更为适合于现场测试的试验装置，从而给出了适合原状冻土现场测试的新方法，得出了现场原状冻土弯曲断裂破坏Ⅰ型、Ⅱ型和Ⅰ-Ⅱ复合型断裂韧度的测试结果。将现场原状未扰动冻土断裂韧度的测试结果同室内扰动冻土的断裂韧度测试结果进行比较，确定了两者之间的关系，以便从室内测试结果推算出现场未扰动冻土的数据，为应用冻土断裂破坏准则提供了符合实际的断裂韧度参数。原状冻土断裂韧度现场测试方法不仅保持了冻土体内固有的结构，而且更重要的是反映了土体的冻结历史，就是说测试结果是反映某一特定冻结时期、冻结状态的参数值。这种反映冻土特性的参数值是更符合冻土的实际，更合理的，具有重要的理论意义和工程应用价值。

(3) 在构建压缩断裂模型的基础上进行了压缩断裂韧度的测试研究，获得了相应的断裂韧度测试数据，同时还得到了裂纹取向、冻土温度及加载速率与其断裂韧度之间相应的关系。给出了裂纹倾斜角度小于35°时，压缩断裂破坏才容易发生；裂纹开裂主导因素是拉应力和剪应力的组合，即属于拉剪复合型断裂问题；裂纹开裂后的走向是先垂直于斜裂纹(初始裂纹)，后平行压缩主应力方向。传统的压缩试验只能给出冻土材料的抗压强度指标，而本书引进的压缩断裂试验不仅给出了断裂韧度指标，而且还对冻土压缩断裂的行为和过程有了新的了解，从而为寻找压缩断裂破坏发生的原因和破坏机理提供了依据。

(4) 建立了关于冻土非线性破坏的胶结力裂纹模型。将冻土的微裂纹损伤区简化为虚拟裂纹，并在其上施加了冻土特有的冰体胶结力作用，如此建立了冻土非线性破坏的胶结力裂纹模型。依据帕里斯公式，分别推导了在均布外力作用下及裂纹面上作用有非线性分布胶结力情况的裂纹尖端张开位移和扩展位移一般公式，针对三点弯曲梁模型和单轴压缩模型推导出裂纹尖端张开位移及裂纹扩展位移，为冻土非线性破坏过程及特征参数计算提供依据。

(5) 对冻土的非线性断裂破坏进行了数值模拟。由于裂纹尖端具有应力奇异性且施加了非线性的胶结力,用普通的数值解法并不能有效地解决或者计算精度比较低,所以采用了近似解析算法和有限元数值法相结合的模拟方法。考虑胶结力的作用用解析法来计算,考虑外荷载作用采用有限元法计算。进行了不同土质在不同温度下破坏过程和特征参数的计算,结果与实测值基本相符。如此为冻土非线性破坏提供了一种数值计算途径。

(6) 对冻土进行了非线性断裂韧度的试验测试。采用了两种方法对冻土的非线性断裂韧度进行试验测试。一种方法为基于能量的观点,推导了非线性能量释放率临界值公式,通过测试试样的非线性参数来求出非线性应变能释放率即非线性断裂韧度。另一种方法是在得出表观断裂韧度的基础上,建立了非线性修正因子的计算方法,通过修正因子法来求得非线性断裂韧度。对沈阳地区的土质所进行的原状冻土非线性断裂力学试验,着重对I型、II型、I-II复合型断裂破坏的三(四)点弯曲直裂纹试样进行了试验研究。通过对测试结果分析表明,两种方法测试结果相符,验证了方法的有效性。

7.3　不足及后续研究建议

本书从断裂力学理论出发,考虑冻土自身特点,建立了冻土破坏的统一模式。分别通过对沈阳和大连两地土质进行了现场原状冻土的I型、II型断裂韧度测试研究,并将其结果同在相同条件下的室内测试结果相比较,得出了两者之间的关系。同时,还提出了一种测试冻土压缩断裂破坏的翼型裂纹试样,通过分别控制试样裂纹的倾斜角度、试验时的温度和试样的加载速率,以得到其对试样断裂韧度值影响的规律。此外,针对原状冻土的非线性断裂破坏,充分考虑冻土特有的胶结力作用,充分考虑冻土自身存在的大量缺陷,基于非线性断裂力学理论,提出了冻土非线性胶结力断裂破坏模型,然后对表征胶结力裂纹模型的裂纹尖端张开位移表达式及裂纹尖端扩展表达式进行了推导计算,再结合有限元法,提出了一种含有非线性参数的半解析有限元法,从而发展冻土非线性断裂破坏的基本理论。从理论体系上拓宽冻土力学的新内涵,为冻土工程应用提出更坚实的理论基础。虽然书中试验测试部分对冻土断裂破坏准则及相关的试验测试进行了一些研究,但是研究得还不够深入,还有不少问题有待于进一步解决,主要表现在:

(1) 虽然建立了适用于冻土材料的断裂破坏准则,但是,该准则建立的基础是冻土在满足脆性破坏或小范围屈服破坏条件下发生的,而在实际工程问题中这种情况只有在一定条件下(如低温、高速率加载以及粗颗粒)才会发生。研究表明:在冻土温度较高、含水率不大、土质颗粒比较细小和试验加载速率比较低的情况时，受力后的冻土会产生较大的塑性变形，其应力与应变不是呈线性关系，即发生了非线性的破坏。只有针对冻土材料发生非线性断裂破坏进行深入研究，才能揭示其破坏的本质，也只有通过对冻土材料非线性断裂问题的更进一步的研究，才能丰富冻土断裂力学，完善冻土断裂破坏准则的适用性，使之能够更全面地解决冻土问题，为此，还需要进行大量的研究工作。

(2) 在现场对原状冻土进行测试研究时所采用的试验方法对测试结果的影响是十分明显的。本研究从原状冻土的特点出发对试样的取土、制样、到测试手段均进行了改进，目的是为了能够使得试验测试结果准确。但是，还存在着许多的不足之处，如在取土方面，本书所介绍的取土方法虽然有效，可还是会对原状冻土造成微小的损坏和扰动，这会对试验结果产生影响；在试样制备方面，虽然采用了振动较小的电锯，可也还是会对试样产生一定的扰动，并且在切割过程中还会导致表层冻土由于摩擦产生轻微融化的现象。另外，如果试样在恒温时密封不好的话还会导致试样水分散失等现象发生，这都会对试验结果产生影响；此外，在试样的测试方面，由于现场测试时采用的是人工加载方式，这必然会导致加载速率难以控制，从而影响试验结果。从以上几点来看，为了能够使试验测试的结果更加准确、更加接近实际，则必须在今后的现场测试工作中对试样制备及试验手段进行不断的改进，以尽量避免由于上述原因而使测试结果产生误差。

(3) 本书虽然对原状冻土和重塑冻土进行了断裂韧度的测试，但是，对于冻土在发生断裂破坏时裂纹尖端的应力强度因子没有进行数值计算和模拟，通过对裂纹尖端应力场的合理、科学的模拟，从其特点出发构造出合适的单元模型，通过有限元计算得出不同试样的裂纹尖端的应力强度因子，再将其同现场原状冻土断裂韧度的测试结果进行比较，以判断是否导致冻土及以冻土为低温环境的建筑物的破坏。最后，应用冻土断裂破坏准则解决工程实际中的问题。只有这样才能使冻土断裂破坏准则真正应用到工程实际中，因此，在今后的研究工作中还应针对不同的土质进行裂纹尖端应力强度因子的分析和计算。

(4) 虽然建立了适用于冻土材料的非线性断裂破坏模型，提出了一种含有非线性参数的半解析有限元法，但是，该模型建立的基础是冻土在准静态的加载条件下，在温度、含水量以及土质一定的条件下进行的，不能模拟在温度及含水量连续变化的冻土的断裂破坏过程，而在实际工程问题中需要考虑这种连续变化的情况。

(5) 近些年，损伤力学在冻土研究中已经逐渐被人们所认识，通过利用损伤力学对冻土进行测试研究是冻土研究的新手段。利用冻土损伤的动态测试原理与方法，采用附加损伤的概念来推导冻土初始与附加损伤的动态识别模式，对冻土破坏过程进行动态测试，进而对在破坏过程中冻土内部结构变化的特征进行研究、讨论，对不同阶段冻土的损伤量给出计算方法，分别针对不同情况的冻土在破坏过程中的损伤量进行计算，从而建立冻土破坏过程的损伤型本构表达式及损伤演化方程，这也是对冻土的研究具有非常重要意义的。

总之，应用冻土断裂力学理论建立的断裂破坏准则、进行的断裂韧度测试研究及其在实际发生冻害破坏工程中的应用研究所涉及的理论及领域十分广泛，本书的研究只是冰山一角，由于作者的水平有限，书中的研究工作肯定会有许多的不足之处，恳请各方面的专家批评指正。

参考文献

[1] 李洪升,周承芳. 工程断裂力学[M]. 大连:大连理工大学出版社,1990.

[2] 李洪升,朱元林. 冻土断裂力学及其应用[M]. 北京:海洋出版社,2002.

[3] 程国栋. 冻土分布规律及趋势研究分析[C]//第二届全国冻土学术会议文集. 兰州:甘肃人民出版社,1993.

[4] 朱伯芳. 有限单元法原理与应用[M]. 第2版. 北京:中国水利水电出版社,1998.

[5] Griffith A A. The phenomena of rupture and flow in solid[J]. Proceedings of the Transactions of the Royal Society,1921,A221:163-198.

[6] Griffith A A. The theory of rupture[C]//Proceedings of the 1st International Congress of Applied Mechanics,Netherlands,Delft,1924.

[7] Shin G C. Handbook of stress intensity factors for for researchers and engineers[J]. Bethlehem:Lehigh University,1973.

[8] 中华人民共和国国家标准.《金属材料平面应变断裂韧度 K_{IC} 试验方法》(GB 4161—2007)[S]. 北京:中国标准出版社,2007.

[9] 程耿东. 20世纪理论和应用力学十大进展[J]. 力学进展,2001,31(3):322-326.

[10] Bieniawski Z T. Mechanics of brittle fracture of rocks,Part I,II and III[J]. International Journal of Rock Mechanics and Mining Science& Geomechanics Abstract,1967,4:385-430.

[11] Schnidt R A. Fracture toughness testing of limestone[J]. Experimental Mechanics,1976,16:161-167.

[12] Ouchterlony F. A core bend specimen with chevron edge notch for fracture toughness measurement [M]//Hartman H L. Rock mechanics. Hartman:Rock Mechanics and Rock Engineering Press,1987.

[13] ISRM. Suggested methods for determining the fracture toughness of rock[J]. International Journal of Rock Mechanics and Mining Sciencd& Geomechanics Abstract,1988,25:71-96.

[14] Lim I L,Johnston I W,Xavier C. Assessment of mixed-mode fracture toughness testing methods for rock[J]. International Journal of Rock Mechanics and Mining Sciencd& Geomechanics Abstract,1994,31(3):265-272.

[15] Rao Q H,Sun Z Q,Ove Stephansson J S,et al. Shear fracture(mode II) of brittle rock[J]. International Journal of Rock Mechanics and Mining Sciencd& Geomechanics Abstract,2003,40:355-375.

[16] Wang Q Z,Xing L. Determination of fracture toughness K_{IC} by using the flattened Brazilian disk specimen for rocks[J]. Engineering Fracture Mechanics,1999,64:193-201.

[17] Chang S H,Lee C I,Jeon S,et al. Measurement of rock fracture toughness under modes I and II and mixed-mode conditions by using disc-type specimens[J]. Engineering Geology,2002,66:79-97.

[18] International Society for Rock Mechanics. Suggested methods for determining mode I fracture toughness using cracked chevron notched Brazilian disk(CCNBD) specimens[J]. Inter-

national Journal of Rock Mechanics and Mining Sciencd& Geomechanics Abstract, 1995, 32:57-64.

[19] Whittaker B N, Sighn R N, Gexin S. Rock Fracture Mechanics: Principles, Design and Applications[M]. Amsterdam-London-New York-Tokyo: Elsevier Science Publishers, 1992.

[20] Kaplan M F. Crack propagation and the fracture of concrete[J]. Journal of American Concrete Institue, 1961, 58(5): 591-610.

[21] Elfgren L. Fracture Mechanics of Concrete Structure from Theory to Application[M]. New York & London: Chapman and Hall Ltd, 1989.

[22] Hillerborg A, Modeer M, Petersson P E. Analysis of crack formation and crack growth in concrete by means of fracture mechanics and finite elements[J]. Cement and Concrete Research, 1976, 6(6): 773-782.

[23] Planas J, Elices M. Asymptotic analysis of the developmtnt of a cohesive crack zone in model loading for arbitrary softening curves[C]//Proceeding of Concrete and Rock SEM-Rilem Conference, Houston, USA, 1987.

[24] Jenq Y S, Shah S P. Two parameters fracture model for concrete[J]. Journal of Engineering Mechanics, 1985, 111(10): 1227-1241.

[25] 徐世烺,赵国藩.巨型试件断裂韧度和高混凝土坝裂缝评定的断裂韧度准则[J].土木工程学报,1991,24(2):1-9.

[26] 徐世烺,赵国藩.混凝土断裂力学研究[M].大连:大连理工大学出版社,1991.

[27] Goetze C G. A study of brittle fracture as applied to ice[M]//Technical Note. Hannover: U. S. Army Cold Regions Research and Engineering Laboratory, 1965.

[28] Goldstein R V, Osipenko N M. Fracture mechanics and some questions of ice fracture[C]// Mechanics and Physics of Ice, Nauka, Moscow, 1983: 31-62.

[29] Palmer A C, Goodman D J, Ashby M F, et al. Fracture and its role in determining ice forces on offshore structures[J]. Annals of Glaciology, 1983, 4: 216-221.

[30] Wierzbich T. Spalling and buckling of ice sheets[C]//ASCE Arctic′s 85 Conference, San Francisco, USA, 1985.

[31] Palmer A C. Fracture mechanics model of ice-structure interaction[C]//IUTAM/IAHR Symposium on ice_structure interaction, Newfoundland, Canada, 1989.

[32] Tomin M J, Cheung M, Jordaan I J, et al. Analysis of failure modes and damage processes of fresh water ice in indentation tests[C]//International Union of Theoretical and Applied Mechanics(IUTAM)/International Association for Hydro-Environment Engineering and Research(IAHR) Symposium, Tokyo, Japan, 1986.

[33] Hamza H, Muggeriage D B. Plane strain fracture toughness(KIc) of fresh water ice[C]// Proceedings of the 5th International POAC Conference, Trondheim, Norway, 1979.

[34] Liu H W, Miller K J. Fracture toughness of fresh water ice[J]. Journal of Glaciology, 1979, 22: 135-143.

[35] Kolle J J. Fracture toughness of ice; crystallographic anisotropy[C]//Proceedings of the 6th

International POAC Conference, Quebec, Canda, 1981.

[36] Urahe N, Iwasaki T, Yoshitake A. Fracture toughness of seaice[J]. Cold Regions Science and Technology, 1980, 3: 551-563.

[37] Shen W, LiH S. Statistical characteristic of compression strength for sea ice[D]. Halbin: Printer of North East Forestry University, 1988, 241-248.

[38] Dempsey J P, Wei Y, de Franco S, et al. Fracture toughness of S2 columnar freshwater ice: crack length and specimen size effects-part Ⅰ[C]//Proceedings of the 8th International OMAE Conference, Hague, Netherlands, 1989.

[39] Dempsey J P, Wei Y, de Franco S, et al. Fracture toughness of S2 columnar freshwater ice: crack length and specimen size effects-part Ⅱ[C]//Proceedings of the 10th International POAC Conference, Lulea, Sweden, 1989.

[40] Dempsey J P, Wei Y. Fracture Toughness KQ and Fractography of S1 Type Freshwater Ice [M]//Ravi-Chandar S K, Taplin D M R, Rao P R. Advances in Fracture Research. Pergamon Press, 1989, 3421-3428.

[41] Dempsey J P. The fracture toughness of ice, ice-structure interaction [D]. Berlin Heideberg: Springer Verleg, 1991.

[42] 李洪升,刘增利,朱元林,等. 冻土断裂韧度测试的理论与方法[J]. 岩土工程学报,2000,22(1):61-65.

[43] 李洪升,刘增利,朱元林. 冻土断裂韧度测试方法及断裂力学行为[C]//第五届全国冰川冻土学大会论文集(上). 兰州:甘肃文化出版社,1996.

[44] 李洪升,杨海天,刘增利. 冻土与界面断裂韧度 K_{IIC} 的试验研究[J]. 大连理工大学学报,1997,37(1):20-23.

[45] 李洪升,张小鹏,朱元林. 冻土断裂韧度的测试研究[J]. 冰川冻土,1995,17(4):112-115.

[46] 刘晓洲,吴寅,王忠昶,等. 基于能量平衡法的原状冻土Ⅰ型非线性断裂韧度测试研究[J]. 岩土力学,2009,30(增刊2)83-87.

[47] Liu X Z, Liu P. Experimental research on the compressive fracture toughness of wing fracture of frozen soil[J]. Cold Regions Science and Technology, 2011, 65, 421-428.

[48] Liu X Z, Liu P, Sun Q, et al. The study on size effect of fracture toughness of test Ⅰ of undisturbed frozen soils based on gray theory[C]//The 2nd International Conference on Mechanic Automation and Control Engineering, NanJim, China, 2011.

[49] Liu X Z, Sun Q. The Application of failure criterion of frozen soil based on fracture mechanics in hydraulic engineering[C]//The International Conference on Remote Sensing, Environment and Transportation Engineering, Haikou, China, 2012.

[50] Liu X Z, Liu P. Research on test and analysis for frost damage of base layer of reservoir slope in seasonal permafrost regions[C]//International Workshop on Architecture, Civil and Environmental Engineering, ShangHai, China, 2011.

[51] Liu X Z, Sun Q, Li C T. The Testing Methods on Fracture toughness of The Reservoir Ice Layer in Different Temperature and Loading rate[C]//The 2nd International Conference on

Multimedia Technology, DaLian, Chian, 2011.

[52] Liu X Z, Sun Q. Experimental research on fracture toughness II of undisturbed frozen soil [C]//The 2nd International Conference on Multimedia Technology, Beijing, China, 2011.

[53] Liu X Z, Liu P. Fracture Mechanics Analysis in Frost Breakage of Reservoir Revetment on cold regions[J]. Sciences in Cold and Arid Regions, 2011, 3(4): 319-324.

[54] 崔托维奇. 冻土力学[M]. 张长庆等译. 北京：科学出版社，1985.

[55] 李宁，程国栋，徐学祖，等. 冻土力学的研究进展与思考[J]. 力学进展，2001，31(1)：95-102.

[56] 程国栋. 冻土力学与工程的国际研究新进展[J]. 地球科学进展，2001，16(3)：293-299.

[57] Harlan R L. Analysis of coupled heat-fluid transport in partially frozen soil[J]. Water Resources Research, 1973, 19(5): 314-323.

[58] Sheppard M, Kay B, Loch J. Development and testing of a computer model for heat and mass flow in freezing soils[C]//Proceedings voulume, International Conference on Permofrost, Edmonton, Alberta, Canada, 1978.

[59] Jansson P E, Halldin S. Model for the annual water and energy flow in a layered soil[M]// Comparison of frost and energy exchange models. Copenhahgen: Society for Ecological Modelling, 1979.

[60] Fukuda M, Nakagawa S. Numerical analysis of frost heaving based upon the coupled heat and water flow model[C]//4th International Symposium on Ground Freezing, Sapporo, Japan, 1985.

[61] Guymon G, Berg R, Hromadka T. A one-dimensional frost heave model based upon simulation of simultaneous heat and water flux[J]. Cold Regions Science and Technology, 1980, 3(2-3): 253-263.

[62] Guymon G, Berg R, Hromadka T. Mathematical model of frost heave and thaw settlement in pavements[N]. Cold Regions Research and Engineering Laboratory Report, 1993-4-2.

[63] Miller R D. Lens initiation in secondary heaving[C]//Proceedings International Symposium on Frost Action in Soils, Lulea, Sweden, 1977.

[64] Miller R D. Frost heaving in noncolloidal soil[C]//Proceedings volume, International Conference on Permofrost, Edmonton, Canada, 1978.

[65] O'Neill K, Miller R D. Exploration of a rigid ice model of frost heave[J]. Water Resources Research, 1985, 21(3): 281-296.

[66] O'Neill K, Miller R D. Numerical solutions for a rigid-ice model of secondary frost heave [N]. Cold Regions Research and Engineering Laboratory Report, 1982-11-13.

[67] Fowler A C, Noon C G. A simplified numerical solution of the Miller model of secondary frost heave[J]. Cold Regions Science and Technology, 1993, 21: 327-336.

[68] Konrad J M, Morgensten N R. The segregation potential of a freezing soil[J]. Canadian Geotechnical Journal, 1981, 18: 482-491.

[69] Konrad J M, Duquennoi C. A model for water transport and ice lensing in freezing soils[J]. Water Resources Research, 1993, 29(9): 3109-3124.

[70] Konrad J M, Morgensten N R. The segregation potential of a freezing soil[J]. Canadian Geotechnical Journal, 1981, 18: 482-491.

[71] Konrad J M. Sixteenth Canadian geotechnical colloquium: frost heave in soils: concept and engineering[J]. Canadian Geotechnical Journal, 1994, 31(2): 223-235.

[72] Padilla F, Villeneuve J P. Modeling and experimental studies of frost heave including solute effect[J]. Cold Regions Science and Technology, 1992, 20: 183-194.

[73] Shen M, Branko L. Modelling of coupled heat, moisture and stress field in freezing soil[J]. Cold Regions Science and Technology, 1990, 14: 237-246.

[74] 尚松浩,雷志栋,杨诗秀. 冻结条件下土壤水热耦合迁移数值模拟的改进[J]. 清华大学学报(自然科学版), 1997, 37(8): 62-64.

[75] 安维东,陈肖佰,吴紫汪. 渠道冻结时热质迁移的数值模[J]. 冰川冻土, 1987, 9(1): 35-46.

[76] 叶佰生,陈肖佰. 非饱和土冻结时水热耦合迁移的数值模拟[C]//第四届全国冻土学术会议论文集. 北京:科学出版社, 1990.

[77] 中国科学院兰州冰川冻土研究所. 冻土的温度、水分应力及其相互作用[M]. 兰州:兰州大学出版社, 1989.

[78] 李洪升,刘增利,李南生. 基于冻土水分温度和外荷载相互作用的冻胀模式[J]. 大连理工大学学报, 1998, 38(1): 29-33.

[79] 李洪升,刘增利,梁承姬. 冻土水热力耦合作用的数学模型及数值模拟[J]. 力学学报, 2001, 33(5): 621-629.

[80] He P, Cheng G D, Zhu Y L. Heat water and stress fields of saturated soil during freezing [M]. Rotterdam: Ground Freezing, 2000.

[81] 何平,程国栋,俞祁浩,等. 饱和正冻土中的水、热、力场耦合模型[J]. 冰川冻土, 2000, 22(2): 135-138.

[82] 李宁,陈波. 裂隙岩体介质渗流、变形、温度场耦合分析[J]. 自然科学进展, 2000, 10(8): 122-128.

[83] 徐学祖,邓友生. 冻土中水分迁移的试验研究[M]. 北京:科学出版社, 1991.

[84] 徐学祖,王家澄,张立新,等. 土体冻胀与盐胀机理[M]. 北京:科学出版社, 1995.

[85] Iwata S. Driving force for water migration in frozen clayed soil[J]. Soil Science and Plant Nutrition, 1980, 26: 215-227.

[86] Kay B D, Fukuda M. The importance of water migration in the measurements of the thermal conductivity of unsaturated frozen soils[J]. Cold Regions Science and Technology, 1981, 5: 95-106.

[87] 李述训,程国栋. 冻融土中的水热输运问题[M]. 兰州:兰州大学出版社, 1995.

[88] 苗天德,郭力. 正冻土中水热迁移问题的混合物理论模型[J]. 中国科学(D辑), 1999, 29(增刊): 8-14.

[89] 吴紫汪,马巍. 冻土强度与蠕变[M]. 兰州:兰州大学出版社, 1994.

[90] Baker T H W, Jones S J, Parameswaran V R. Confined and unconfined compression tests of frozen sand [C]//4th Canada Permafrost Conference, National Research Council of

Canada,1982.

[91] Fish A M. Strength of frozen soil under a combined stress state[C]//6th International Symposium on Ground Freezing,ShangHai,China,1991.

[92] Zhu Y L,Carbee D L. Uniaxial compressive strength of frozen silt under constant deformation rates[J]. Cold Regions Science and Technology,1984,9:3-15.

[93] 朱元林,KapiL D L. 冻土在常变形速率下之三轴抗压强度[C]//第三届全国冻土学术会议论文集. 北京:科学出版社,1989.

[94] 吴紫汪,张家懿. 冻土强度与破坏特征[C]//中国地理学会冰川冻土学术会议论文集(冻土学). 兰州:甘肃人民出版社,1983.

[95] 吴紫汪,张家懿,朱元林. 冻土长期强度确定方法的试验研究[C]//青藏冻土研究文集. 北京:科学出版社,1983.

[96] Ma W. Strength and yield criteria of frozen soil[C]//6th International Conference on Permafrost,Beijing,China,1993.

[97] Bragg R A,Andersland O B. Strain rate,temperature and samples size effects on compression and tensile properties of frozen sand[C]//International Symposium on Ground Freezing,Oslo,Norway,1979.

[98] Haynes F D. Strain rate effect on the strength of frozen silt[N]. Cold Regions Research and Engineering Laboratory Report,1975-5-16(16).

[99] 李洪升,常成. 冻土抗压强度对应变速率敏感性分析[J]. 冰川冻土,1995,17(1):40-47.

[100] Li H S,Yang H T. Experimental investigation on compressive strength of frozen soil versus strain rate[J]. Journal of Cold Region Engineering,2001,15(2):125-133.

[101] Zhu Y L,Carbee D L. Tensile strength of frozen silt[N]. Cold Regions Research And Engineering Laboratory Report,1987-3-23(2).

[102] 沈忠言,彭万巍,刘永智. 冻结黄土抗拉强度的试验研究[J]. 冰川冻土,1995,17(4):315-321.

[103] 彭万巍. 冻结黄土抗拉强度与应变率和温度的关系[J]. 岩土工程学报,1998,20(3):31-33.

[104] Gorodetskii S E. Creep and strength of frozen soils under combined stress[J]. Mechanics and Foundation Engineering,1975,12(3):205-209.

[105] Sayles F H. Triaxial constant strain rate tests and triaxial creep tests on frozen Ottawa sand[C]//6th Development of Frozen Soil of International on Permafrost, Lanzhou, China,1973.

[106] Vyalov S S. Strength and Creep Analysis in Ground Freezing Problem[M]. Leningrad:Strogizdhdat,1991.

[107] 马巍,吴紫汪. 冻土的蠕变及蠕变强度[J]. 冰川冻土,1994,16(2):113-118.

[108] 盛煜,吴紫汪. 应用蠕变理论对冻土在增应力过程中蠕变规律的几何分析[J]. 冰川冻土,1995,17(增刊):47-53.

[109] Chamberlain E,Groves C,Perham R. The mechanical behavior of frozen earth under high

pressure triaxial test conditions[J]. Journal of Geotechnique,1972,22(3):469-483.
[110] Jones S J,Parameswaran V R. Deformation behavior of frozen sand-ice materials under triaxial compression[C]//11th Development of Frozen Soil of Inernational On Permafrost, Alaska,USA,1983.
[111] Parameswaran V R. Triaxial testing of frozen sand[J]. Journal of Glaciology,1981,7(95):147-155.
[112] 崔广心,杨维好. 深厚表土层中的冻结壁和井壁[M]. 北京:中国矿业大学出版社,1998.
[113] 崔广心. 深土冻土力学-冻土力学发展的新领域[J]. 冰川冻土,1998,20(2):97-100.
[114] Ma W,Wu Z W,Zhang C Q. Strength and yield criteria of frozen soil[J]. Journal of Progress in Natural Science,1995,5(4):405-409.
[115] 马巍,吴紫汪,盛煜. 围压对冻土强度行为的影响[J]. 岩土工程学报,1995,17(5):7-11.
[116] 马巍,吴紫汪,常小晓,等. 高围压下冻结砂土的强度特征[J]. 冰川冻土,1996,18(3):268-272.
[117] Ma W,Wu Z W,Analyses of process on the strength decrease in frozen soils under high confining pressures[J]. Cold regions Science and Technology,1999,29:1-7.
[118] 徐绍新. 季节冻土区水工建筑物抗冻害技术研究的成就与展望[C]//第五届全国冰川冻土学大会论文集(上). 兰州:甘肃文化出版社,1996.
[119] 朱林楠,吴紫汪,盛煜,等. 冻土退化与道路工程[C]//第五届全国冰川冻土学大会论文集(上). 兰州:甘肃文化出版社,1996.
[120] 李安国. 渠道设计冻深的确定[C]//第五届全国冰川冻土学大会论文集(上). 兰州:甘肃文化出版社,1996.
[121] 刘鸿绪. 建筑基础的冻胀力[C]//第五届全国冰川冻土学大会论文集(上). 兰州:甘肃文化出版社,1996.
[122] 李洪升,刘增利. 地基土冻胀位移分析及计算模式[J]. 冰川冻土,1995,17(增刊):89-95.
[123] 丁靖康,娄安全. 多年冻土区挡土建筑物的设计与计算[C]//第五届全国冰川冻土学大会论文集(上). 兰州:甘肃文化出版社,1996.
[124] 童长江,管枫年. 土的冻胀与建筑物冻害的防治[M]. 北京:水利电力出版社,1985.
[125] 中华人民共和国水利行业标准. 渠系工程抗冻胀设计规范(SL 23—2006)[S]. 北京:水利电力出版社,2006.
[126] 中华人民共和国行业标准. 冻土地区建筑地基基础设计规范(JGJ 118—2011)[S]. 北京:中国建筑工业出版社,2011.
[127] 中华人民共和国水利行业标准. 水工建筑物抗冰冻设计规范(SL 211—2006)[S]. 北京:中国电力出版社,2006.
[128] 朱元林,何平. 围压对冻结粉土在振动荷载作用下蠕变性能的影响[J]. 冰川冻土,1995,17(增刊):20-25.
[129] 何平,朱元林. 饱和冻结粉土的动弹模及动强度[J]. 冰川冻土,1993,15(1):170-174.
[130] 何平,张家懿. 振动频率对冻土破坏之影响[J]. 岩土工程学报,1995,17(3):78-81.
[131] 徐学燕,仲丛利. 冻土的动力特性及其参数确定[J]. 岩土工程学报,1998,20(5):77-81.

[132] 俞祁浩,朱元林,张健明. 冻土冲击试验的尺寸效应[C]//第五届全国冰川冻土学大会论文集(上). 兰州:甘肃文化出版社,1996.

[133] 马巍,吴紫汪. 冻土三轴蠕变过程中结构变化的CT动态监测[J]. 冰川冻土,1997,19(1):52-57.

[134] 吴紫汪. 冻土蠕变变形特征的细观分析[J]. 岩土工程学报,1997,19(3):1-6.

[135] 张长庆,苗天德. 冻土蠕变过程微结构损伤行为与变化特征[J]. 冰川冻土,1995,17(增刊):60-65.

[136] 苗天德,魏雪霞. 冻土蠕变过程的微结构损伤理论[J]. 中国科学(B辑),1995,25(3):309-317.

[137] Zhang C Q,Wei X X,Miao T D. Microstructure damage behaviour and change characteristic in the creep process of frozen soil[C]//Proceedings of the 7th International Symposium on Ground Freezing,Xi′an,China,1994.

[138] 沈忠言,王家澄. 单轴受拉时冻土结构变化及其机理初探[J]. 冰川冻土,1996,18(3):262-267.

[139] 李洪升,刘增利,张小鹏. 冻土破坏过程的微裂纹损伤区的计算分析[J]. 计算力学学报,2004,21(6):696-700.

[140] 李洪升,王悦东,刘增利. 冻土中微裂纹尺寸的识别与确认[J]. 岩土力学,2004,25(4):534-537.

[141] 刘增利,张小鹏,李洪升. 基于动态CT识别的冻土单轴压缩损伤本构模型[J]. 岩土力学,2005,26(4):542-546.

[142] 刘增利,李洪升,朱元林,等. 冻土初始与附加细观损伤的CT识别模型[J]. 冰川冻土,2002,24(5):676-680.

[143] 梁承姬,李洪升,刘增利,等. 激光散斑法对冻土微裂纹形貌和发展过程的研究[J]. 大连理工大学学报,1998,38(2):152-156.

[144] 王家澄,张学珍. 电子扫描显微镜在冻土研究中的应用[J]. 冰川冻土,1996,18(2):184-188.

[145] 李洪升,朱元林,刘增利,等. 冻土断裂韧度尺寸效应试验研究[J]. 冰川冻土,1997,1(4):340-345.

[146] 李洪升,朱元林,刘增利. 冻土脆性破坏统计理论及尺寸效应[J]. 自然科学进展,1998,8(6):715-720.

[147] Li H S,Yang H T,Liu Z L. Experimental investigation of fracture toughness K-IIC of frozen soil[J]. Canadian Geotechnical Journal,2000,37(1):253-258.

[148] 刘增利,李洪升,朱元林,等. 冻土I-Ⅱ复合型断裂准则的试验研究[J]. 岩土工程学报,1999,21(2):148-152.

[149] 李洪升,刘增利,朱元林. 冻土断裂韧度的测试研究[J]. 冰川冻土,1995,17(增刊):66-70.

[150] Li H S,Yang H T. Experimental investigation of fracture toughness of frozen soils[J]. Cold Engineering Technology,2000,14(1):43-49.

[151] 李洪升,刘增利,朱元林. 冻土断裂韧度测试方法及断裂力学行为[C]//第五届全国冰川

冻土学大会论文集(上). 兰州:甘肃文化出版社,1996.
[152] 李洪升,杨海天,刘增利,等. 基于广义强度准则的地基土换填防冻胀能力评估[J]. 岩土力学,2003,24(5):682-685.
[153] 李洪升,刘增利,张小鹏. 板型基础抗冻胀破坏的断裂力学分析[J]. 岩石力学与工程学报,2004,23(17):2983-2987.
[154] 李洪升,刘增利,朱元林. 冻土断裂力学在挡墙基础稳定性分析中的应用[J]. 岩土工程学报,2002,24(1):69-71.
[155] 李洪升,刘增利,朱元林. 冻土断裂力学在桩基冻拔稳定计算中的应用[J]. 冰川冻土,1998 120(3):39-42.
[156] 李洪升,刘晓洲,刘增利. 冻土断裂力学破坏准则及其在工程中的应用[J]. 土木工程学报,2005,39:65-70.
[157] 张长庆,苗天德,王家澄. 冻结黄土蠕变损伤的电镜分析[J]. 冰川冻土,1995(b),17(增刊):54-59.
[158] 马巍,吴紫汪. 围压作用下冻结砂土微结构变化电镜分析[J]. 冰川冻土,1995,17(2):152-157.
[159] 刘晓洲,李洪升,王悦东,等. 原状冻土Ⅰ型断裂韧度 K_{IC} 试验研究[J]. 大连理工大学学报,2005,46(1):7-11.
[160] Konrad J M,DuquennoiC. A model for water transport and ice lensing in freezing soils[J]. Water Resources Research,1993,29(9):3109-3124.
[161] 李洪升,张小鹏,朱元林,等. 冻土断裂韧度 K_{IC} 的测试研究[J]. 冰川冻土,1995,17(4):328-333.
[162] Whittaker B N,Singhand R N,Sun G. Rock Fracture Mechanics[M]. Finland:Elsevier Science Publishers,1992.
[163] 中华人民共和国行业标准. 土工试验规程(SL237—1999)[S]. 北京:中国水利水电出版社,1999.
[164] Hillerborg A,Modeer M,Petersson P E. Analysis of crack formation and crack growth in concrete by means of fracture mechanics and finite elements[J]. Cement and Concrete Research,1976:773-782.
[165] Atkins A G,Mai Y W. Elastic and plastic fracture of metals,polymers,ceramics[M]. Rotterdam:Ground Freezing,1985.
[166] Shen W. A new concept of compact compression test specimen to study of BoHai See ice [J]. Marine Engineering Mechanics,1988,4:25-29.
[167] Qiuhua R. Shear fracture(mode II)of brittle rock[J]. International Journal of Rock Mechanics and Mining Sciences & Geomechanics Abstract,2003,40:355-375.
[168] Liebowitz H. Computational fracture mechanics research and application[J]. Engineering Fracture Mechanics,1995,50(5):653-670.
[169] 刘晓洲,李洪升,王悦东,等. 原状冻土非线性断裂测试与修正[J]. 岩土力学,2006,34(2):23-27.

[170] Sanderson T J O. Ice mechaics, risks to offshore structures [M]. Finland: Elsevier Science Publishers, 1988.

[171] Konrad J M, Morgensten N R. The segregation potential of a freezing soil[J]. Canadian Geotechnical Journal, 1981, 18: 482-491.

[172] Jordaan I J. Mechanics of ice-structure interaction[J]. Engineering Fracture Mechanics, 2001, 68: 1923-1960.

[173] 刘东燕,朱可善.岩石压剪断裂得模型试验研究[J].重庆建筑大学学报,1994,16:56-62.

[174] 郭少华,孙宗颀,谢晓晴.压缩条件下岩石断裂模式与断裂判据的研究[J].岩土工程学报,2002,24(3):304-308.

[175] 李相麟.混凝土斜裂纹损伤断裂分析[J].南昌大学学报(工科版),2004,26(4):56-58.

[176] 黄明利,冯夏庭,王水林.多裂纹在不同岩石介质中的扩展贯通机制分析[J].岩土力学.2002,23(2):142-146.

[177] 杨卫.宏微观断裂力学[M].北京:国防工业出版社,1985.

[178] 李灏.断裂力学[M].济南:山东科学技术出版社,1980.

[179] Barenblatt G L. The Mathematical Theory of Equilibrium Cracks in Brittle Fracture[M]. Canada: Academic Press, 1962: 55-129.

[180] Dagdale D S. Yielsing in steelsheets containing slits[J]. Journal of Fracture Mechanics, 1960, 34(1)8: 100-108.

[181] Ashby M F, Hallam S D. The failure of brittle solids containing small cracks under compressive stress states[J]. Water Resources Rosearoh, 1986, 34(3): 497-510.

[182] Sanderson T J U. Ice mechanics risks to offshore structure[M]. Canada: Graham&Trotman, 1988.

[183] 王悦东,李洪升,刘晓洲.原状冻土非线性II型断裂韧度试验测试研究[C]//第十一届全国实验力学学术会议论文集.大连:大连理工大学出版社,2005.

[184] 张长庆,魏雪霞,苗天德.冻土蠕变过程的微结构损伤行为与变化特征[J].冰川冻土,1995,17(增刊):60-65.

[185] 刘增利,李洪升.冻土单轴压缩动态试验研究[J].岩土力学,2002,23(1):12-16.

[186] 徐学祖,邓友生.冻土中水分迁移的试验研究[M].北京:科学出版社,1991.

[187] Konrad J M. Frost heave in soils[J]. Concepts and Engineering Canadia, 1994, 24(1): 223-245.

[188] Xu X Z, Wang J C, Zhang L X. Mechanisms of Frost Heave and Salt Expansion of Soil [M]. Beijing: Science Press, 1999.

[189] Cole D M. Effect of grain size on the internal fracturing of ice[M]. Finland: Elsevier Science Publishers, 1986.

[190] 王家澄,王玉杰.冻土微细结构试验研究[J].冰川冻土,1995,8(1):41-46.

[191] 梁承姬,李洪升,刘增利.激光散斑法对冻土微裂纹形貌和发展过程研究[J].大连理工大学学报,1998,38(2):152-156.

[192] 张国瑞.有限元法[M].北京:机械工业出版社,1992.

[193] 杨庆生,杨卫.断裂过程的有限元模拟[J].计算力学学报,1997,14(4):407-412.

[194] Murthy K S,Mukhopadhyaym R K. Adaptive finite element analysis of mixed II mode fracture problems containing multiple crack 2 tips with an automatic mesh generator[J]. International Journal of Fracture,2001,108:251-274.

[195] 刘欣. 平面裂纹问题的 H,P,HP 型自适应无网格方法的研究[J]. 力学学报,2000,32(3):308-318.

[196] Zienkiewicz O,Zhu J Z. A simple error estimator and adaptive procedure for practical engineering analysis[J]. International Frozen Soil Methods Engineering,1987,24:337-357.

[197] Min J B. Adaptive finite element methods for two dimensional problems in computational fracture mechanics[J]. Computers and Structures,1994,50(3):433-445.

[198] 沈为平,王建华,杨磊. 自适应分析在确定裂纹尖端塑性区中的应用[J]. 计算力学学报,2001,18(1):111-117.

[199] 李健康. 断裂分析中的随机有限元方法[J]. 固体力学学报,2001,22(1):85-88.

[200] 黄向平,王建华. 裂纹跟踪的网络生成技术[J]. 上海交通大学学报,2001,35(4):493-495.

[201] Liu W K,Bester F G,Mani A. Probabilistic finite element methods in nonlinear dynamics [J]. Computer Methods in Applied Mechanics and Engineering,1986,57:61-81.

[202] Hong C S,Park J S,Kim C G. Stochstic finite element method and system reliability analysis for laminated composite structures[J]. Recent Advances in Solids and Structures, ASME,1995,18:165-172.

[203] Zhang J,Ellingwood B. SFEM for reliability of structures with material nonlinearities[J]. Journal of Structural Engineering,1996,122(6):701-704.

[204] Liebowitz H. Computational fracture mechanics research and application[J]. Engineering Fracture Mechanics,1995,50(5):653-670.

[205] Nishioka T. State of theart in computational dynamic fracture mechanics[J]. JSME International Journal,Series A,1994,37(4):313-333.

[206] 崔海涛,温卫东. 随机有限元及其工程应用[J]. 南京航空航天大学学报,2000,32(1):91-98.

[207] Maiti S K,Mukhopadhyay N K,Kakodkar A. Boundary element method based computation of stress intensity factor by modified crack closure integral[J]. Computational Mechanics, 1997,19:203-210.

[208] Aliabadi M H. Boundary element formulations in fracture mechanics a review ofcomputer [J]. Aided Assessment and Control of Localized Damage,1996,24:3-19.

[209] Porteal A. The dual BEM effective implementation for crack problem[J]. International Journal for Numerical Methods in Engineering,1992,33:269-287.

[210] 陆山,黄其青. 复杂荷载三维裂纹分析双重边界元法[J]. 力学学报,2002,34(5):715-725.

[211] Hagedorn,Karl E. Some aspects of fracture mechanics research during the last 25 years [J]. Steel Research,1998,69:206-213.

[212] Xu Y,Saigal S. Element free galerkin study of steadu quasi static crack growth in plane strain tension in elastc plastic materials[J]. Computational Mechanics,1998,22:255-265.

[213] Tabbara M R, Stone C M. A computational meghod for quasi static fracture[J]. Computational Mechanics, 1998, 22: 203-210.

[214] Gray L J, Paulino G H. Symmetric Galerkin boundary integral fracture analysisfor plane orthotropic elasticity[J]. Computational Mechanics, 1997, 20: 26-33.

[215] Lucy L B. A numerical approach to the testing of the fission hypothesis[J]. Journal of Fracture Mechanics, 1977, 8(12): 1013-1024.

[216] Nayroles B, Touzot G, Villon P. Generating the finite element method diffuse approximation and diffuse elements[J]. Computational Mechanics, 1992, 10: 307-319.

[217] 宋康祖,陆明万,张雄. 固体力学中的无网格方法[J]. 力学进展,2000,30(1):55-65.

[218] 寇晓东,周维恒. 应用无单元法追踪裂纹扩展[J]. 岩土力学与工程学报,2000,19(4):18-23.

[219] 刘天祥. 无网格法的研究进展[J]. 机械工程学报,2002,38(5):7-12.

[220] 陈晚波,李卧龙,王元汉. 无网格法在断裂力学中的应用[J]. 岩石力学与工程学报,2001,20(4):462-466.

[221] 李卧东. 模拟裂纹传播的新方法——无网格伽辽金法[J]. 岩土力学,2001,22(1):33-36.

[222] Nayroles B, Touzoel G, Villon P. Generalizing the finite element method[J]. Math Compute, 1981, 37: 141-158.

[223] 石根华(美). 数值流形方法与非连续变形方法[M]. 裴觉民译. 北京:清华大学出版社,1997.

[224] Shi G H. Manifold method Proceedings of the First International forum on DDA and simulation of discontinuous[M]. Canada: New Media, 1996.

[225] Shi G H. Manifold method of material analysis[C]//Transaction of the Ninth Army Conference on Applied Mathematics and Computing, NewYork, USA, 1992.

[226] 张大林. 基于流形方法的动态应力强度因子数值算法[J]. 大连理工大学学报,2002,42(5):590-593.

[227] 王水林,葛修润. 流形元方法在模拟裂纹扩展中的应用[J]. 岩石力学与工程学报,1997,16(5):405-410.

[228] Sou K J, Napier J A L. A two dimensional linear variation displacement discontinuity method for three layered elastic medis[J]. International of Rock Mechanics and Minig Science, 1999, 36(4): 719-729.

[229] 卢海星,黄醒春. 弹性体裂纹扩展的数值模拟[J]. 上海交通大学学报,2001,35(4):634-637.

[230] Ioalkimidis N I. Application of finite part integrals to the singular integral equations of crack problems in plane and three dimensional elasticity[J]. Acta Mechanica, 1982, 45: 31-47.

[231] 陈梦成,余荷根,汤任基. 三维裂纹问题的高精度数值解法[J]. 固体力学学报,2002,23(2):207-211.

[232] 汤任基,秦太验. 三维断裂力学的超奇异积分方程方法[J]. 力学学报,1993,25:665-675.